送行者的生死筆記

凝視死亡，思考生命，從日本禮儀師的真實故事，
在告別中學習如何好好生活

日本送行者學院校長 **木村光希** 著　林姿呈 譯

推薦序　把死亡視如正常，生命就不會有無常

我總是說，如果把死亡視如正常，那生命就不會有無常。

我的恩師，木村光希，在日本給予我嚴格的訓練、真實的考驗，不斷地在做人處事、人情世故上帶給我很多指引。因為我們都年輕，生日還只差了兩三天，視我如木村流派的小師妹，現在能在台灣和師兄並肩，也可說是正在實現我們一起許下的承諾。

回憶在日本的送行者認定考核上，木村老師刻意出的難題，是為了在畢業典禮上告訴大家：

「其實考試時，我們給許伊妃這個外國人出了更難的考題」

「她和大家一樣，卻也跟大家不一樣，更多了語言的障礙」

「但她克服了」

畢業典禮那天，聽著我一口流利的論文發表，而老師們在台下默默地泛淚，因為，他們一年前還在想，這小女子能過關嗎……？

木村老師給我的，不僅僅是入殮的技術，更多的是那告別的精神跟態度。還記得那時候的我們，明明語言只有七分通，但卻能清楚感受彼此為什麼想做這些事情，為什麼想讓社會、讓大家知道，其實面對死亡、面對生活，我們有很多種方式。透過自己的工作日常，付諸更多的努力，無非就是

想一起把生命鏡頭下的遺憾縮小。

在畢業典禮上，我和老師約定好，讓我們一起努力，讓我們的理念，讓一個人的夢想，變成越來越多人的理想。至於理想的什麼？不是理想的死亡，而是「終」於知道該怎麼去生「活」。

書中提到了很多似凡非俗的觀念，可能看起來覺得有道理，但你會發現做起來真的不容易，嚴格說起來，我覺得這是我們這一派遊走生死中間的人類自己的生活哲學。若你沒經驗過，或者掏心掏肺地把自己當成主角，或許，你會覺得我們瘋了。

的確，我以前演講時常常說，要把每天當最後一天活，但後來發現，這樣的一句話可真容易讓人走火入魔。不上學、不上班、花光積蓄之類的（呵呵），想到問題，也會想著有哪句話可以更好地詮釋這個珍惜生活的態度。後來感悟出了這段話，我和木村老師想透過生命中遇到的每段故事告訴大家的，其實是「無論如何，都要好好的過完今天，更好地去做自己。」

看看吧！透過閱讀當作旅遊，因為能讓你去你沒去過的地方，試著看看也感受別人的遺憾、他人的苦痛，然後……提醒一下自己，接下來的路該怎麼走。

他是木村光希，我是許伊妃。

我們都是一個平凡卻不容易的靈魂載體，盼著能縮小遺憾共享日常的美好。

台灣和光里創辦人・唯一日本認證送行者　許伊妃

在世者歷經的跑馬燈

據說，人將死之前，會看到此生的跑馬燈。

是真是假，我也不知道。

但是，我一直認為，入殮或喪禮這段告別期間，可說是「在世者心中的跑馬燈」。

在告別式上，早已遺忘的記憶被一一喚醒，腦中不斷浮現已逝者的各種表情，又或者從他人口中發現自己從不知曉的往生者的另一面。

有的人是獨自在心中默默緬懷過往種種，有的人則是與周遭眾人共享回憶——「爺爺他以前……」、「話說以前發生過這樣的事」、「原來是這樣」。

我以禮儀師身分參與往生者在人世間的最後一刻，也經常以為自己彷彿看見他本人的跑馬燈在眼前一閃而過。

我想這一定是因為我從往生者的家人及朋友身上，聽到許多關於本人的回憶，又或者是從照片或遺物看到他一路走來的人生。
　全心投入的工作，達成的任務。
朋友聚會，興趣活動，喜愛的人事物。
結婚典禮上的燦爛笑容，家族旅遊風景。
過年過節時與家人親戚的團聚，買房買車時的回憶。
抱著奶娃時的身影，和小孩嬉戲時的模樣，親子同聚在餐桌上的光景。
他的個性如此這般，常說的口頭禪，有哪些親朋好友……
說不完的人生故事，往生者的性格、優缺點（就連缺點也是用充滿疼惜的語氣敘述），
我聽得越多，本人的形象就愈發鮮明，而得以慢慢勾勒出「此人的一生」。
　描述往生者生平的「送行時刻」，當真可說是在世者心中的跑馬燈。

入殮或喪禮上充滿往生者的回憶

「自己在別人記憶中是什麼樣子？」

這句話是廣為人知的「管理學之父」彼得・杜拉克（Peter Ferdinand Drucker）在十三歲時，擔任牧師一職的恩師丟給他的問題。杜拉克又說：「雖然這不是一個當下可以立即回答的問題，但是如果到了五十歲你依舊沒有答案，便表示你虛度了人生光陰」。

第一次聽到這句話時，我的腦中浮現身為禮儀師至今所遇到的各種告別場面，心想：「這句話根本就是在說告別式」，和「最後別人是如何描述自己？」的意思一模一樣。於是我察覺，以往所參與的告別式，其實是往生者「如何為人所記憶」的一種表述。

我在至今所負責的入殮及喪禮現場上，從數千多名往生者身上觀察到各種人生百態。透過觀察遺體，家屬或親朋好友描述的言語間，我可以從骨子裡感受到「那便是他的人生」。

在行前會議上，喪主會告訴我往生者的生平及為人，像是「他如何對抗病魔」，「他喜歡什麼樣的花」。

有時入殮儀式前，我也會因為仔細查看遺體發現「這是一雙工匠之手」，而讓思緒飛揚，想像他專精於工作的人生。

在入殮儀式上，親友相聚，時而交談「他就是這樣的一個人」之類的對話，有時眼淚撲簌簌地哀悼故人之死，有時則因為一些閒談：「他看上去好安詳」，「是啊，但是他生氣的樣子很嚇人。」而破涕為笑。

至於喪禮，也是前來祭弔的熟識友人互道「他為人如此這般」，「曾發生過這樣的事」，「他喜歡某某東西」的緬懷時光。

人們透過這樣的方式，相互傾訴往生者生命中最令他們印象深刻的身影，共享彼此記憶中的「那個人」。

在入殮、守靈、喪禮這段期間，我們也會確實感受到「這名往生者是如何活在在世者的記憶裡」。

「這人一直是大家的開心果。」

「總之他就是為人體貼。」

「他全心投入工作，一心希望對社會有所貢獻。」

「雖然他歷經各種大風大浪，但總是樂觀進取。」

「他深受在地人士愛戴。」

「他總是充滿活力，積極參與同好會活動，直到去世前的最後一刻。」

——換言之，「在別人口中的樣子」可以看出一個人的一生或為人處事，就像是一面此人的人生鏡子。

光看字面可能會招致人們誤解，然而「在別人記憶中的樣子」，也就是「在他人口中的模樣」，指的並不是「本人在人們心中的評價」或「人們對他的看法」，也不是意味著希望他出名或取得功名。

這裡指的是一個人的「生存之道」。

人為什麼活著？為了什麼樣的目的而活著？

我們都是抱著這個疑問在過活。至今，有許多人是在面對這些問題卻又得不到答案的情況下死去。就連我自己，儘管幾乎每天接觸死亡，也很難回答如此艱深的問題。

但是，如果暫且撇開「為什麼活著？」如此龐大的疑問，改為提問：

「你希望自己在他人記憶中是什麼樣子？」

「你希望給身旁的人、重要的人留下什麼樣的回憶？」

如何？這些問題即使沒有答案，也應該足以成為「如何活下去」的人生指南。

身為禮儀師，我們目睹了許多人生的最後告別，聽聞過許多往生者的「人生歷練」。然而，我們所見證的，絕對不是人「如何死去」這件事。

因為禮儀師的工作並不是看護人們臨終，那是醫護人員的工作，我們幾乎看不到往生者生前的模樣（「生前契約」的情況例外，但看護依舊不是我們的職責所在）。

禮儀師是一份了解往生者「度過什麼樣的人生」的工作。

同時也是一份協助在世者「如何活下去」的工作。

電影《送行者：禮儀師的樂章》帶來的轉變

你好，我是禮儀師木村光希。

我的職業是替在某人心中舉足輕重的往生者，以及剛失去至親的家屬，打造雙方最後的「人生畢業典禮」與「送行會」。

每當向人自我介紹自己是禮儀師時，得到的回應經常是：「我知道，就像電影《送行者：禮儀師的樂章》（譯註：以下簡稱《送行者》）的主角。」

《送行者》是由日本男星本木雅弘主演的電影，描述一名男子在失去成為大提琴演奏家的夢想後，返回家鄉，意外成為禮儀師，他與妻子和生活當地的居民之間所發生的故事。我相信有許多人是在這部電影榮獲二〇〇九年奧斯卡最佳外語片獎項，成為眾所矚目的話題後，透過該電影才知曉有「禮儀師」這門行業。

其實，先父生前從事禮儀師，曾擔任《送行者》中的入殮技術指導，向扮演「新手禮儀師」的本木雅弘說明舉行儀式的意義及流程，示範為了替往生者送行，身為禮儀師應有的高雅姿態及作法。

為往生者擦拭淨身、換穿壽衣、化妝整理遺容、梳整髮型，以上所有整裝作業完畢後，便是入棺。

——誠如電影《送行者》中所描寫，上述便是入殮儀式的大致流程。劇中不僅傳達了禮儀師的「工作內容」，還體現了我們的尊嚴及想法。

重視日常生活的優雅舉止，對往生者致上最高敬意，最重要的是，從事死亡事業的做人哲學。

個人以為，我們平日暗中自重自愛的部分，完美地在男主角本木雅弘凜然的表演中呈現出來。

多虧這部電影，禮儀師這門行業才得以提高知名度，也經常獲得周遭眾人「大為改觀」的回應。在那之前，其實我們經常被人認為不乾淨、觸霉頭，而遭人嫌棄避諱，我自己也曾經被人嘲諷從事「賺死人錢的工作」……

總之，透過《送行者》這部傑出的電影，讓人們得以理解禮儀師的工作不僅僅只是「將死者入棺」。

入殮，對於踏上黃泉歸途的旅人，和遺留在世的活人來說，都是十分重要的儀式。禮儀師是最靠近遺體，同時也是最接近遺屬的人。

能夠讓人們認識到我們這一層面的工作本質，讓我備感驕傲。

於是，在電影《送行者》上映多年後，我為了進一步追求這項「本質」，以禮儀師的身分推出一種前所未有的喪葬服務事業。

那便是「送行者葬禮」，由一名禮儀師專員，從協商（詢問估價）階段開始，到入殮、喪禮、乃至火化，全程陪同辦理。

以往，禮儀師基本上不會接觸到入殮儀式以外的程序，這項新事業則是從頭到尾陪同走完整個喪葬儀式。為了實現這個目標，我設立了一間全體員工皆為禮儀師，在業界也十分罕見的生命禮儀公司。

禮儀師所想「活著的意義」

為什麼，禮儀師有必要在送行儀式上一路陪同？

為什麼，以傳統作法無法如願達成理想的告別式？

其理由如下。

第一，死者往生後，可立即進行初步護理，讓遺體在火化前保持最佳狀態，避免遺容隨時間流逝而變得扭曲不自然或掉妝，讓家屬隨時可以瞻仰往生者安詳的面容。

在此之前，禮儀師這類擁有遺體相關知識的人，基本上幾乎只有在入殮階段才會與往生者有所接觸，所以無法進行初步護理，而且隨著時間經過，遺體變得所謂「面目全非」的情況，並不少見。

在這種狀態下舉行告別儀式，不但攸關往生者的尊嚴，對親屬來說，令人不由自主地撇開目光也是一件極為悲傷的事。所以，為了讓眾人回想起逝者生前的模樣，將其身影深刻在心中直到最後，禮儀師持續性的照護至關重要。

第二，得以體驗由技術純熟的禮儀師主導高品質的儀式，極具有價值意義。與往生者關係愈親近的人，儘管在其死後數日內匆忙處理後事，也大多能透過「儀式階段」逐漸靜下心來，讓自己有一段空檔，專注地好好追思往生者。有不少家屬是在這段空檔才接受逝者已逝的事實，釋放情緒。我可以驕傲地擔保，就算沒有舉行守靈或告別式，單單是入殮儀式，就可以成為改變「送行」心境的催化劑。

第三，可以規劃所謂「量身訂做」的喪禮，反映往生者的風格，也是敝公司喪禮的一大特徵。這項任務之所以能夠達成，也是因為我們禮儀師連日陪同家屬，深刻了解往生者過往才得以辦到。

一言以蔽之，「送行者葬禮」提供「以入殮儀式為主軸，重視往生者風格，全面支援家屬度過喪慟（喪親所帶來的深沉哀痛）的喪禮」。我們正在徹底追求以往從未被重視過的「送行品質」。

就這樣，我在摸索以陪同往生者及其家屬，「了解」其人生及為人為前提的新型態告別形式中，接觸到許多「如何活下去」的人生百態。

某位媽媽長年與疾病奮鬥，最後在家人看護下離世的喪禮。

一名老太太由多年來一起生活在長照設施的好友們送行的入殮儀式。

老先生生前始終與妻子鶼鰈情深，相守到老的感人喪禮。

一名高中生由一群好友緩解屍僵並更換壽衣的入殮儀式。

透過許許多多的際遇，讓我有機會認真思考人生的生存之道。

所以，本書中要探討的，並不是人的「死亡方式」，而是「生存之道」。人生就這麼一次，而且可能隨時消逝，我們該如何活下去？

在本書中，我將一邊概述迄今所歷經過的各種告別模式，一邊總結自己從中所見、所感及所想。我希望各位在翻閱本書時，能夠思考「自己該如何活下去？」

凝視死亡，絕對不是一件可怕、黑暗或悲傷的事，反而是我們思考活著的意義，回顧每一天的珍貴時刻。

我由衷期盼讀者能一面懷想身旁的親朋好友，或是與自我對話，好好思考這個命題。

2020年10月

禮儀師　木村光希

＊本書中提及的所有人名皆為化名，並省略所有敬稱。

送行者的生死筆記　目次

第 1 章

我們如何活著，就會如何活在別人的記憶裡

第2章 入殮與告別式的新模式

第3章 「了解人生」這件事

第4章 如何與重要的人告別

最終章　未來的告別形式

第 1 章

我們如何活著，就會如何活在別人的記憶裡

電視節目《專業人士的工作風格》播出後的三種大眾反應

二〇一九年初夏，自電影《送行者》上映以來已過去十餘年，我第一次以禮儀師身分受邀演出ＮＨＫ紀錄片節目《專業人士的工作風格》（プロフェッショナル仕事の流儀）。

在我接獲演出意願的洽詢時，剛開始非常猶豫，不確定身為幕後人員的自己是否能夠勝任。儘管如此，想到禮儀師的工作常遭人誤會，我感受到向大眾傳達這行「工作風格」的意義。更重要的是，我心底萌生一股使命感，有必要向世人傳達平時容易遭人避諱又缺乏真實感的「死亡」現場實況。

「我希望讓世人了解，『最後的儀式』對往生者及其家屬有何意義。我相信平時不會意識到死亡的現代人，也能從中獲得一些想法。」

我心想這對社會一定有所幫助，因而答應拍攝邀約，也做好了心理準備會被貼身跟拍，但實際狀況卻超乎我想像……

長達數個月的拍攝，竟是一連串的內心糾葛。說實話，拍攝期間，我十分煎熬。

將正處於悲痛中的家屬暴露在世人眼前。

透過電波傳播遺屬們的話語和思念。

這麼做真的對嗎？我一遍又一遍地質問自己。

不論我原先多麼專注，都會突然意識到原本不應該存在的拍攝人員，或是正在拍攝我手邊作業的攝影機。每天我不斷捫心自問：是否冒犯了往生者？這就是一名「專業人士」應有的樣子嗎？好幾次，我差點脫口說出：「可以不要再拍了？」

或許，我自己也不敢相信，遺體竟然會公然出現在無線電視上，對於節目播映，害怕的心情遠比期待來得強烈也說不定。

然而，節目實際播放後，我收到來自各界觀眾的回饋意見，才打從心底認為「幸好我有參與拍攝」。我收到數量驚人的訊息，回饋的內容既誠懇又真切。觀眾的反應大致可分成三類。

其一，部分觀眾反映「喪禮及墓碑果然有其存在的重要性」。

在今日日益追求合理化的社會中，儀式或形式容易遭人懷疑其存在的必要性。然而，許多觀眾紛紛表示，他們再次體會到其中的含意：「原本還想自己死後不用辦什麼喪禮，但我確切感受到儀式對在世者來說是必要的」。

另一些觀眾則回饋：「讓我回想起送走親人時的景象。」

我在電視中處理的入殮儀式，以及和家屬間的互動，似乎成了一種催化劑，喚起觀眾心中有關「送行」的種種回憶。

在推特上，許多至今依舊走不出失去親友喪慟（深沉哀痛）的推友，也會私訊給我尋求諮詢。有人說不知道自己活著有什麼意義，有人說自己常常淚流不止，還有人說他只是希望有人能聽他抒發……

另一方面，也有不少人是抱持正面積極的反應，回饋說道：「我想起最心愛的奶奶，內心變得暖洋洋的」，「我很高興有機會了解以前承蒙照顧的禮儀師是以這樣的心情在工作」。

基本上我只有在送行期間會陪伴家屬，所以透過傾聽這些聲音，我也得以從中了解他們心緒上的變化，並且重新體悟到「即使過了很長一段時間，已逝者永遠存在人們心中」。

再來第三種回饋是：「這讓我開始認真思考該『如何活下去』。」

他們說，螢幕上一邊是以與死亡打交道維生的我，一邊是在拍攝節目前幾天應該還活著的往生者，另一邊是剛失去至親的家屬，看到如此「非日常的情景」，讓他們強烈意識到「自己正活在此時此地」。

「所有人，終將迎來死亡。」

我相信終其一生，大家一定都聽過這句話，這是所有人都具備的常識。

然而，就算「理解」意思，也很難有所「體會」，因為那一點都不真實。

不過，正因為「知道」，所以透過紀錄片的真實揭露，接觸到「死亡」，才會如此震驚，然後因而回顧了自己的生活方式，與他人之間的關係，以及對人生的滿意度。

另一方面，身為一名禮儀師，死亡對我來說，是一種「日常」，是一件再真實不過的事。我不只是深知「理所當然的每一天，絕非如此理所當然」的道理，更痛切體會箇中深意。所以，自己的人生，我連一秒鐘都不願意浪費，而且會不斷思考「什麼才是更好的生存之道」。

這，或許可以說是禮儀師的「職業病」。

死亡是唯一人人絕不缺席的「人生大事」

有一場入殮儀式至今依舊讓我耿耿於懷。那時我剛入行不久，為一對夫妻進行入殮。這對夫妻因交通事故而同時罹難，留下一名就讀高中的獨生子——他們是一家三口的小家庭。

不用說，不論是父親或母親，失去其中任何一人，都是一件非常痛苦的事。然而，這名少年卻在突然之間，同時失去了雙親。就算當時的我是個老手，也依舊無法想像，他會是多麼痛苦，多麼徬徨失措。

那天早上，他一定和往常一樣說了聲「我出門囉」就推開家門外出。畢竟正處於青春期，所以對人可能愛理不理。對此，他或許懊悔不已。回到家中，餐桌上已經準備好晚餐，他一邊坐下享用，一邊與家人有一搭沒一搭地閒話家常。原本，等待他的，應該是這種習以為常的「日常光景」。

至於這對夫妻，我相信他們一定深信自己的獨生子前途無量，滿心期待地描繪著屬於這名少年的未來，並且堅信自己能夠待在他身旁聲援，守護這樣的未來。

他既沒有兄弟姊妹，親戚看上去也不多。一個十七歲的少年，從此以後必須獨自一人承受悲痛。我內心著急地思索關懷的詞彙，希望能給予他一絲絲的安慰。

但是那孩子，整個人陷入幾乎無法與人溝通的狀態，在火化場站也站不穩，一股腦地不斷用泣不成聲的聲音嚎啕大哭，我找不到任何機會協助他追思與往生者共度的昔日回憶。

看著他蜷縮的身影，他的悲傷，和現實的殘酷，讓我招架無力。我雖然想對他說些什麼，但又怕說錯話弄巧成拙，一時間竟張口結舌，吐不出任何一句話。

我完全束手無策。內心那種小心翼翼畏縮不前的心情和無力感，至今我依舊記憶猶新。

當時的我，既沒有實力，也缺乏經驗。如果是現在，我相信一定可以在更多方面給予他一些支援……。那時的無地自容和懊悔，一直遺留在我的內心深處。

從事禮儀師的工作，我們每天被迫面對的，是「凡人皆有一死」的嚴酷事實。生而為人，總有一天會成為告別人生的「啟程者」。

就學、畢業、工作、生孩子等人生大事，有些人經歷過，有些人則否。又如「成年禮」、「慶賀六十大壽」等依循年齡發生的特有活動，如果在年齡屆滿前離開人世，也無從體驗。

此外，或許有許多人心中會不由得浮現一些自行設定的人生階段或目標，例如「結婚以前我想這樣那樣」，「工作穩定以後我要這樣那樣」，但我們並不清楚這些階段是否真的會到來。有可能終身未婚，工作也有可能一輩子都穩定不了。

然而，唯有「死亡」，百分之百會發生在所有人身上。這世上，沒有人能免得了死亡，不可能發生「唯獨我家的孩子不會死」或是「唯獨我不會死」的情況。

「死亡」乃現今地球上所有人類都會共同經歷的唯一一場人生大事。

而且這件人生大事，隨時可能發生。直到昨天都還在閒話家常的爸爸、小孩，忽然與世永隔……，這樣的家庭故事，我看過太多、太多了。

舉例來說，敝公司從前曾處理過某位年輕女性的入殮事宜。她原該是即將步入禮堂的新娘子，卻慘死車輪之下。

那位完成戶口登記，剛成為他人「丈夫」的男子，他臉上的絕望，讓人難以用文字形容。因為，他在一瞬間——而且是在感到最幸福快樂的時候——失去了心中認定「和這個人在一起，我感到無比幸福，我想讓她從此幸福美滿」的心愛之人。

就連明知「死亡隨時可能到來」的禮儀師，也忍不住對這蠻不講理的現實咬牙切齒地悲嘆：「怎麼偏偏在這個時候……」

出乎意料地，一場事故、生病或意外，就能輕易帶走人的生命。我們能平安走到今日，並且迎接明日的到來，是任何事物都無法取代的奇蹟。

然而，從某種層面來說，死亡追根究柢應當是「切身之事」，但實際上卻有許多人不太會去思考這個問題，認為「反正那跟目前健康無虞的自己無關」，「想這些也沒什麼意義」，「真不吉利」，而竭盡所能地遠離這個話題，越遠越好。

因為心繫「死亡」，才能思索「如何活下去」

那麼，突如其來的「死亡」是一件可怕的事情嗎？

我倒不這麼認為。至少，對我來說，死並不恐怖……，只是很純粹的、比較像是「不希望是現在」的感覺，那是一種「我非常清楚人終有一死，但真心期望不是現在」的感覺，一種更隨意的想法，既不是認命，也不是恐懼。

送他人啟程，以及他人送自己啟程，兩者都是極其自然的事，絕不是特殊情況，更不該將其視為一種禁忌。

誠如前文所言，人們會對死亡感到不必要的恐懼或規避，我想這是因為思考的機會太少了。因為不真實，所以轉移目光。正因為如此遮遮掩掩的，才會感覺可怕。

但是，死亡就位在我們當下生命時間的延伸線上。

東西從高處墜落，就一定會順勢往下掉；人只要活著，就一定會肚子餓。同樣的道理，沒有生，就沒有死，這世上沒有不會迎接死亡的生命，所以思考死亡，並不是不吉利的事，也不是件「觸霉頭的事」。

我想向各位表達的是，知道死亡時時存在，反而對自己有利。

為什麼？因為這樣你可以假設一個自己即將迎接死亡的時辰，從現在開始倒數計時，藉此給自己機會去認真思考「如何活下去」這個命題。

思考死亡，就是思考生命。詢問生命的意義，從而引導思考「如何活下去」。僅僅讓大腦記住死亡的存在，就能改變今日的行為和看待在你眼前的人的方式。

藉此，可以讓每一天變得更加充實豐富，不是嗎？

「把每一天當作人生末日」，讓人有點吃不消

該如何讓每一天過得更加充實？首先，以自己的方式決定「與死亡的距離」是其中一個方法。

不要只是模糊地想像「我有一天會死，身邊重要的人也會死」，而是嘗試具體假設「哪個時間點會死？」，接著思考「在那之前，你想要如何度過餘生？」

談及這類思考「如何活下去」的命題，經常會提到一個知名演講──那便是蘋果公司創始人史蒂夫・賈伯斯於二〇〇五年在史丹佛大學畢業典禮上的演講致辭。你是否也曾經在哪裡聽過底下這句話？

「如果今天是人生的最後一天，你會如何度過？」

據說這句話原自於賈伯斯所信奉的禪宗，意思是希望我們仔細地檢視今日所做的每一個選擇，有意義地度過每一分每一秒。如此，就算明日命數已盡，也不會空留遺憾。——在這個邏輯下，這句話經常被人引用到各種場合。

確實，這種「離死還有一天」的短促距離感，會讓人心驚膽顫，也有鼓舞人心的力量，亦讓自己有機會反省每日的生活態度，獲得啟發，是一句難能可貴的名言佳句。

但與此同時，老實說，我個人認為將這句話奉為人生圭臬，略有難度。

畢竟，不論是工作或家庭，就連自己因愛好而維持的興趣，也會有提不起勁的時候。某些日子覺得疲倦，某些日子覺得焦躁，某些日子則發生了令人哀歎不已的事。若真要在死前一年三百六十五天，天天二十四小時提高警覺地假設「今天是人生的最後一天……」，那才當真是不切實際。恐怕會讓人窒息吧。

況且，假設今天真的是人生最後一天，你還會去上班嗎？會在市公所的等候室排隊嗎？會去看牙醫嗎？還是會和平時一樣，待在家裡打掃、或是在庭院除草嗎？

……如果這樣詢問，我相信許多人的答案會是「不」。

人生是由每天再平凡不過的行為積累而成，正因為內心某處深信著「未來是延續不斷的」，所以才會說出「今天能堅持下去」這句話不是嗎？

一不小心高談闊論了，不過如果有人跟我說：「今天是人生的最後一天」，我應該也不會去上班吧（笑）。

我對禮儀師的工作感到自豪，每天過得充實，也有許多想做、想要挑戰的事。然而，在人生最後一天，我想和家人一同度過。我大概會將入殮工作託付給公司員工的好夥伴，帶著妻女返鄉，回去我在北海道的老家。

我是一個不管你問誰，大家都會異口同聲說我是工作狂的人。為何工作狂如我，會做出這樣的選擇？

因為禮儀師不僅協助「離世者」，對於「在世者」的姿態與神情，更是看得比誰都透徹。正因為我是一名直接接觸人們死亡與悲傷的禮儀師——換言之，正因為我幾乎天天與剛走到「人生末日」的人面對面，一路看著在世者承受什麼樣的感受，心懷哪些感激和後悔。

所以，無論發生什麼事，我一定會設法在這「最後一天」，向身邊重要的人傳達我的意念。

決定「與死亡的距離」

有些離題了。我們原本在討論「意識死亡」是一個思考「如何活下去」的機會，而首要任務是必須先決定與死亡的距離。然而，不可能每個人都像賈伯斯一樣過著禁慾般的生活，對吧？

話說回來，雖然說我很難想像「今天是人生的最後一天」，但當然這並不意味著我可以漫不經心地度過每一天。要是我真的那麼做，當死亡降臨，我一定後悔莫及。

那麼，假設我把自己「與死亡的距離」設定在六個月。

我就會想像自己「半年後不在人世」，然後決定接下來的六個月該做哪些事。我會設定這個時間長度，是因為個人認為只要在半年內保持健康，萬事全力以赴，大多都可以辦成。

因為我已經設定「壽命只剩半年」，所以基本上個人對時間的取決是十分任性的，因為「時間就是生命」！正因為有如此痛切的感受，所以我覺得自己每次都在跟時間一問一答：

「在這段時間內，做這樣的事，是否正確？」

舉例來說，我不會出席自己沒有意願參加的餐會或聚會，如果我「想見」某一個人，就會盡己所能排除萬難去見他。此外，若因演講等事宜而必須出差去遠地，只要時間許可，我都會盡量趕回家，因為和寶貝女兒相處的每一天，是我「剩餘人生」中不可取代的寶貴時間。

當然，短短的六個月，有些事情還是無能為力。在女兒出生以前，我一直很想要小孩，但生孩子這件事只能盡人事聽天命，況且就算再怎麼努力，小孩也不可能在半年內就呱呱墜地。

所以，那個時候，我所想的並不是「好吧，那我放棄」，而是「多疼愛我的姪子好了」。正因為「只剩半年」，所以我很珍惜和姪子見面的時間，也盡可能地去疼愛他。

誠如以上，當人生有固定期限時，你可以把時間運用在積極思考：為了朝目標更邁進一步，我能做什麼？

生命中重要的人，半年後可能不在人世

同樣地，面對重要的人，我也總是會假設：「半年後可能會替他辦後事。」不論是父親、母親、妻子、女兒，還是友人或公司同仁，每一個人都有可能在半年內去世。

所以，我會盡量要求自己去執行那些，當那一瞬間來臨時我可能會因為沒做而倍感後悔的事——「早知如此，我有那樣做就好了」（比如，「如果我以前有多陪爸媽說說話就好了」，「真希望我有讓他吃過山珍海味」），也時常提醒自己不要去做那些做了會後悔的事——「如果我沒有那樣做就好了」（像是用強硬的語氣責備員工、夫妻吵架後用生氣的口吻說「我出門了」）。

簡言之，我在與人相處時，會先假設「告別」時的情況。

舉例來說，離開成長的家鄉在外地打拼生活的遊子，雖然心中惦記著：「偶爾也該回老家一趟」，但我相信應該有不少人因汲汲於生活，為眼前事物奔命，而難與家人或家鄉朋友

見上一面。

但是，如果你得知爸爸或媽媽在半年後會去世，你會怎麼做？是不是會想多打幾通電話？或是多回老家陪陪他們？又或者你會向他們表達心中的感恩，或是帶他們去朝思暮想的溫泉旅行？

當然，當所關心之人去世時，後悔必定隨之而來，這是無可奈何的事，畢竟要一心一意只為特定人物犧牲奉獻，並不容易。

不過，有能力預防的後悔，少一個是一個。儘管無法減輕悲傷或打擊，但要減少後悔，應該不難。我是如此認為。

順帶一提，入殮或喪禮上最常聽到的後悔之言，第一名是「我應該多帶他到處去走走的」，第二名則是「早知道我就多陪他說說話了」。不論是報告近況或閒聊，還是聊聊家族起源或爸媽小時候的事，你會意外發現，自己不知道的事情其實不少。還請各位務必試著刻意留意自己可以與重要之人共度的剩餘時光。

決定「與死亡的距離」，會讓你對自己、對他人激發「該怎麼做，我才不會心生後悔」的想像。

你會盡可能地去實現腦海中「總有一天我一定要」的想法。

你會深刻感受到時間的寶貴，開始不吝惜對所愛之人表達愛意。

而且你會開始避開那些無法打動人心、僅僅浪費你寶貴時間的行為。

——這就是與死亡為伍的感覺。看待每一天的方式會產生巨大轉變。

對我來說，掌握六個月的節奏，狀態最佳。當然這個步調因人而異，有的人可能不是六個月，而是一年，或是兩年也大有人在。

總歸一句話，就是有意識地覺知死亡，並試著於生命設定期限。透過這樣的察覺過程，「想做的事」、「應做的事」、「不願做的事」、「不用做的事」應該就自然有所區別。

他人口中的自己，他人記憶中的自己

接著，除了「與死亡的距離」以外，我從眾多往生者身上還學到另一個重要的「生存之道指南」。

那便是「你想要如何活在別人的記憶裡？」

這句話是引自序章中所提到的杜拉克名言。

你希望他人如何形容自己？你希望給別人留下什麼樣的回憶？

底下，我試著具體想像了一下。

我想，在你的生命中，一定也存在著某個重要的人或親密好友，假設那個人現在去世了，在告別式上，你會用什麼方式為他「送行」？

我相信，當你們的關係愈是親近，你提起他的時候，一定愈是滿腔回憶──他／她的言行舉止、表情、厭惡喜好、全心投入的工作、為人處事……

但是，如果「往生者」是你自己呢？

你能夠想像「自己在他人口中的樣子」嗎？

丈夫、妻子、父母、小孩、親友，他們在提起你的時候，會如何描述？又會如何為你送行呢？

「你」在他們心中的定位，是否超越「他是一個認真的人」、「他是個溫柔善良的人」這類可以套用在任何人身上的形容詞？

你是否成功地與親密之人建立了如此深厚的關係？

死亡，代表一個人失去所有一切，包含肉體，也包含意識。所以，「世上曾經有我這個人存在」的事實，只有你身邊記得你的人可以證明。就算戶口名簿或畢業紀念冊上留有你的名字，那也不能稱得上是「你」。唯有活著的人的記憶，才能把「自己」和這個世界聯繫起來。

而且，我們和許多人共同生活在這個世界上。

家人、朋友、鄰居、工作夥伴、合作對象、才藝班老師、孩子朋友的家長、經常造訪的居酒屋老闆。

雖然交情有深淺之別，但我相信自己的存在已經銘刻在許多人的記憶裡。當「我」死去後，他們應該會為我說一句「提起木村這個人……」

「你希望自己在他們的記憶中是什麼樣的人？」——持續思考這個問題，說不定能為我們提供線索，讓每天變得更充實，活得更實在，不是嗎？

在歷經了多場入殮及喪禮，並接觸到杜拉克的名言後，我才開始有了這些感觸。

前文提到「決定與死亡的距離」，這是為了避免死時心生後悔，紮實度過每一日的生活指南。

我在前文中提過，為了不想在最後嚐到後悔的苦澀，我會不時回老家露個臉，或是擬訂計畫，安排岳父母出遊旅行。該做的事，或是想做的事，我絕不往後拖延。為了不陷入「早知如此，我應該給他這個那個」、「如果我曾經這樣那樣」的後悔迴圈，我對於時間的分配完全是自我本位。

另一方面，「想要如何活在別人的記憶裡」感覺比「不留後悔」更積極、主動一些，或許這可以說是為了確認自己前進的方向，朝其跨步邁進，感受自己的成長，獲得充實人生所必備的觀點。

譬如，我希望就算自己不在人世，依舊有更多的人可以透過入殮或告別式獲得救贖。我還希望能將這種入殮作法傳播至日本全國以及亞洲各國，拯救更多的家屬。

所以，身為培育禮儀師的育成機構「送行者學院」主導人，同時兼任「送行者葬禮」公司代表，我才會堅決踩下油門，加速前進，積極挑戰從未做過的事，以及現在還無法達成的事，展望未來更多成長，以求完成這個巨大目標。

然後，人們在為我送行時，若能有一絲絲的感嘆：「木村光希一生為社會增添了許多圓滿告別」，我也算是得償所願了。

這裡所說的絕非名譽慾望或功成名就的野心，至始至終我都在探討「你想要如何活下去」這個命題。你希望別人如何記住你？如何形容你？如何為你送行？藉由思考這些問題，可以讓人認真對待自己的人生，深思「想要達成什麼樣的目標？」，並鼓起勇氣朝此方向奮鬥努力。

在人生中，你想做哪些事？想成為什麼樣的人？

我們是透過正視這些問題，而留下自己的生存之道。

希望媽媽在天堂也能快樂種菜

在此，請容我介紹一場讓我真實體會到「此人是以這種形式活在別人的記憶裡」的告別式。那是一段令人難以忘懷，溫暖又充滿往生者風格的告別時光。

那是小林容子的入殮喪禮，年過六旬的容子，因癌症病逝。

我總計隨行四天，在這四天當中，家屬們與我分享了許多容子的為人，緬懷昔日往事。

「我媽她呀，醫生一開始說只剩一年，但她就是不肯放棄，總是笑咪咪的。自從被醫生宣判剩餘壽命後，又活了五年。」

聽完這些話，我似乎明白自己在容子的先生、女兒及親戚身上所感受到的那股悲傷中又帶有豁達與驕傲的意義。

「媽媽可是種菜高手呢。」

「對呀，而且沒灑農藥，新鮮又好吃。」

「就算被醫生說只剩下一年，她還是一樣開朗，照樣下田種菜。」

小林家的開心果，容子媽媽總是那樣樂天開朗，像太陽一樣充滿活力。據說她從未間斷菜園耕種，一有收成，總是大方地分送給親朋好友，是個有愛心、懂得照顧人的女士。實際上，我在喪禮期間，也多次聽到席間傳來感謝的話語：「容子以前常常送我她自己種的菜呢……」

我們預計在這場喪禮上製作「送行者的餞別禮」。「餞別禮」是來自我們禮儀師的禮物，藉由詢問家屬及其近親，製作往生者心儀之物，或是大家「提到往生者」就會聯想到的東西（詳情請見第114頁）。

我心想著不知道該送什麼「餞別禮」給容子，一面與家屬聊天時，他們突然提起：「話說，媽媽以前總是在寫宅配的託運單。」並且異口同聲表示，容子不停在預計貼到紙箱上的託運單書寫收件地址，頻繁到簡直快跟全力種菜沒什麼兩樣，甚至更加勤奮，讓人印象深刻。

依照季節耕種各種當令蔬菜，收成後便裝箱寄送給各方友人，所以她總是在客廳伏案書寫託運單，看上去既開心又期待，一筆一筆親手寫著收件地址，從未間斷，直到迎接人生最後終點。

……這些「平日裡的妻子」、「平日裡的母親」的身影，彷彿活生生地浮現在大家眼前。

當下全身一點點地充滿暖意，我決定好要送什麼「餞別禮」了——用黏土捏製蔬菜擺飾，以及宅配託運單，準備模仿託運單格式的紙張，作為色紙的替代品，讓家屬書寫感言。

對於這個點子，家屬——尤其是容子的女兒——露出笑容激賞：「我相信媽媽一定也會很高興！」

大家拿到我做的仿託運單樣式留言卡片後，圍成一圈，一同追憶容子的生前種種，聊了許久。

「大家都寫好了沒？」

「等一下，地址怎麼辦？」

「天堂會有地址嗎？」

「我想到了！要不我們在靈柩裡放滿種子，讓媽媽在天堂也能種菜。」

「這個好，媽媽真的很愛她的菜園，搞不好哪天從天堂寄菜回來。」

我在一旁聽著他們交談，聽著聽著，就連我這個外人，都彷彿能看見容子爽朗的笑容。我親身體會到，小林容子就是以這樣的方式生活，以這樣的形象，遺留在人們的記憶裡。

接著來到喪禮。將家屬寫好感言的託運單放入棺中，終於來到最後的告別時刻。容子的先生儼然就是所謂典型一家之主的「昭和父親」，在此之前他原本一直保持沉默，突然開口說道：「我寫了一封信要給媽媽」。

女兒們似乎完全沒有預料到此事，個個不禁驚呼出聲，瞪大雙眼，一臉難以置信的表情。

小林先生對女兒的反應不以為意，逕自攤開信箋。

他處之淡然地，眼中泛著淚光，述說起夫妻間的往事，家人間的回憶。

他語帶哽咽地道出發自內心的感受：「真的很感謝妳一直以來的付出。」最後結語，他引領全家：「讓我們一起跟媽媽說聲謝謝。」

所有家族成員雖然淚眼汪汪，但依舊一副不敢相信的表情，讓我留下深刻印象。我想，平時他一定是個不苟言笑、吝於表達情感的人，說不定在孩子小的時候，還是個嚴格的父親……。當下我覺得自己似乎無意中窺見到小林一家的家族史。

如太陽般明亮的母親，和儘管沉默寡言但情深義重的父親，讓人不禁相信他們必定是一對夫唱婦隨的恩愛夫妻。

現在回想起來，依舊覺得小林容子的喪禮是一場溫暖又「圓滿的告別」。

當然，「圓滿的告別」有各種形式，沒有所謂的正確答案。每個家庭的關係不同，往生者是如何去世——是長年與疾病搏鬥，還是事故等突如其來的告別——也有極大的關係。有時，人們光是為了接受至親驟逝、死亡的事實，便已耗盡精力。

不過，在容子的喪禮上，眾人一同緬懷、分享失去至親的回憶，各自擁有沉澱心情的時間，相互接納對方的支持，也由衷傳達了對往生者的感謝，因而成功打造出一個家屬認可

「符合母親形象」的告別儀式。

我相信，這段時光會有助於治癒他們的悲傷，讓他們得以在沒有容子的世界繼續活下去。

儘管不是名留青史，卻永遠存在於重要之人、周遭人們的心中，並且有人會回想起「你是這樣的一個人」。

以此生活方式做為人生目標，或許是一種啟發，讓我們的生活更加豐富，充滿更多活力。

如何活到生命的最後一刻？

在本章最後，我想談一談「生死觀」。

生死觀是「依照自己的方式，重新解讀生與死所引導出來的答案」，也可以換句話說成「該如何活到生命的最後一刻？」如此重要的價值觀，若是在臨死前才開始動腦思考，個人以為為時已晚。

正因為就算臨時抱佛腳也無法參悟「生死觀」，所以所有人都應該在失去重要的人之前，趁自己還有活力之前——也就是感覺死亡還在遙遠一端之前——擁有自己的「生死觀」。

話雖如此，但我也明白，這種想法在今日並不常見。

舉例來說，曾經有人問我：「對於用摸過屍體的雙手去觸碰妻女這件事，你不會有所顧忌嗎？」

我完全沒有這種顧忌，反而比較在意「你不會有所顧忌嗎？」這句問話的含意。我不由得以為，這句話充分表明了日本人對於涉及死亡事物避之唯恐不及的態度。

前文亦曾提及，特別是日本人，常被人說避諱思考死亡的事情。實際上，你是否也認為和家人或朋友談論「希望如何死去？」、「希望別人如何安排自己的後事？」這類話題，總覺得好像「不太吉利」呢？對許多人來說，「死」是一種汙穢，是一個斷然不可提及的禁忌話題。

例如，在日本，當人們參與守靈或喪禮時，會拿到一份「淨身鹽」。為了祛除死——也就是不潔之物，會在進自己家門前，往身上灑鹽，據說如此便能淨身祛除汙穢。我想，大概也是因為這個習慣，使得人們不把「死」帶入日常生活的意識形態，變得如此根深蒂固。

這個意識形態劃了一條「生之場域」與「死之場域」的分界線。

並且存在著一條「盡量不去思考死亡，不談論死亡」的潛規則。

然而，正如前文所說的，「死亡」本質上是位在生命的延伸線上。所以，為了獲得生死觀，為了思考「如何活下去」這個命題，首先我們必須面對自己的死。

我常常對太太說：

「說不定明天家裡有人就突然走了，所以我們應該如此這般。」

「我們能有寶貝女兒，這個幸福並不是理所當然的。」

……現在，搞不好有讀者覺得「這位先生好煩喔」（笑）。

但是，畢竟十多年來我一直在與「死亡」近距離接觸的地方工作，若再把時間拉得更久遠，我從小看著父親的背影，死亡可說是觸手可及。在我看來，實在很難相信「唯有自己／唯有我的小孩，可以安然地置身度外」。所以小孩早上能夠平安醒來，僅僅如此，我就覺得已經是「至高無上的幸福」。

一個人如果擁有生死觀，會有什麼樣的改變？一時間或許很難理解。不過，我個人覺得，光只是可以感受那每天小小的「幸福」，就已經值得我們慎重思考，什麼是死？什麼是生？琢磨自己的生死觀。

且容我再次重申，首要第一步，請試著努力不要把死亡當作「他人之事」、「不知何時會到來的非現實」而拒絕死亡，而是接受它，當作「切身之事」且「隨時可能突然降臨的事實」。

然後，我希望你能試著思考自己該「如何活下去」。

第 2 章

入殮與告別式的新模式

從對遺體說話開始

「你好初次見面，還請多多指教。」

禮儀師是從向往生者打招呼開始拉開工作序幕。

首先，我會雙手合十問好，接著開始觸摸大體，一邊觀察遺體的情況，一邊在心中對往生者說話。雖說如此，執行手冊上並沒有刊載這個作法，純粹是我個人自然採取的行動。

「看，您孫子來了。」

「您的手真好看，之前在做什麼工作呢？」

「希望您太太能節哀順變，早日走出傷痛。」

我會像和活著的人聊天一般，不停地對往生者說話。

當我發現遺體腐敗進展得有些太快時，會說些加油打氣的話：

「伯父，請您再稍稍忍耐一下，在完成守靈儀式之前一定要堅持下去，我也會盡全力幫忙！」

隔天，我抱著忐忑的心情觀察伯父的身體狀況，確認幾乎沒有任何變化後，還曾情不自禁地在心中用力握住伯父的手喝采「伯父您辦到了！」

相反的，有時我也會有心電感應，「往生者現在好像在跟我說這些話」，像是「她現在大概在擔心先生被遺留在人世，情緒低落」，或是她似乎在說「幫我打扮得漂亮一點喔」之類的。

當然，這些只是我的幻想，但有些時候，我真的會有那樣的感覺。跟眼前服務的往生者建立關係，就跟和活著的人建立關係是一樣的。

如同上述，從一開始的問候，到入殮、喪禮、火化為止，我覺得自己一直在和往生者說話。如果有人在我工作時，把我的大腦切開一探究竟，可能會被嚇得倒退三步：「這傢伙腦袋沒問題吧？」

我自己也覺得有些不可思議，我之所以會發覺自己有對遺體說話的習慣，大概是在拍攝電視節目《專業人士的工作風格》的時候。製作人問我：「請問你現在在想些什麼？」，「經你這麼一問……」讓我回想起當時心中的對話，不禁自問「難不成我還會通靈嗎？」唯獨這點，至今我依舊不知該如何解釋。

只是，對我來說，「往生者」在成為一具遺體之前，也不過是一個普通人。無關性別、年齡、死因，任何遺體都一樣。這又跟所謂的「成佛」感覺不同，雖然值得人尊敬，但並非神聖而遙不可及。我把他們當作和活著的人一樣，以對待「一個個體」的方式來面對他們。

「一個個體」的說法，若用更具體的形式來表達……或許，有點類似與「舞台主角」相處的感覺。

我的身分就像是負責所有後臺事宜的檢場人員，身兼導演、化妝師、服裝師、按摩師等數職。為了呈現完美舞台，讓主角在台上綻放光芒，不惜揮灑汗水，竭盡全力。至始至終我都是抱著這種心情，投入入殮工作。

又或許，面對往生者時，有時我也會覺得他們像是我的「導師」。就算是年幼的孩子，依舊是值得尊敬的導師。畢竟，毫無疑問的，他們全都「完成了自己的人生大事」，同時也是「教會在世者人生重要意義的人」。

我之所以會覺得禮儀師的工作如此意義重大，深深體會到對社會的貢獻，全部要感謝「主角」兼「導師」的往生者。

正因為我可以好好地與他們促膝而談，從中學習，才造就今日的我。

與活著的人無異

和往生者問候完畢後，我就會一邊跟他說話，一邊迅速掌握遺體狀況。查看遺體的神情、血色，確認身體是否有明顯傷痕，檢查有無出血、壞死、注射點滴的痕跡。接著仔細觀察體溫下降情況、乾冰效果、屍僵程度，或是有無頭髮亂翹、臉部等全身狀態。

遺體狀況真的是千差萬別，沒有一個人會是相同狀態。

處理眼前發生的種種事態，採取各式各樣的應變措施，防止遺體情況惡化，在遺體損傷時盡量修復，這些都是我的工作。盡力讓家屬們看到往生者與生前相近的模樣，確保他們不會看到他「面目全非」的樣子，以免過度加深失去所帶來的悲痛。

和他人提起工作內容時，有時也會有人問：「難道你不害怕觸摸屍體嗎？不會有時心生抗拒，不願去觸碰破損的遺骸嗎？」

關於這個問題，我可以即刻回答：「我既不害怕，也不會有所抗拒。」但是，這絕對不是因為我特別勇敢或強大的關係。相反的，我小時候根本不敢半夜去廁所。

我以前一個人回到家，一定是一邊大聲說話，一邊點亮家中所有燈光，現在也還是很討厭恐怖電影。晚上睡覺時，害怕有人抓我的腳把我拖走，所以在國二以前，我都是跟媽媽一起睡。現在依舊是個膽小鬼，所以常被爸媽取笑：「虧你還想當禮儀師。」

但是神奇的是，入殮的時候，我輕鬆自如。

我想這大概是因為自己還是新人的時候，一心埋頭苦幹，根本沒有心思去想「恐怖」這件事（倒是很緊張會失敗），而自從目前的工作風格穩定下來後，我便把自己定位在一個讓「主角」綻放光采的檢場人員。

全身充滿責任感與使命感，沒有閒工夫去感受恐懼。我有我該做的事，而且現在的自己有能力去做這些事。身為一名禮儀師，有我可以協助往生者的地方，所以我專注在這些事物上。只要自己揹負著「禮儀師」之名，我想這樣的立場永遠不會改變。

最重要的是，即使是往生者，對我而言，他們終究是「一個個體」，這跟與活人相處沒什麼不同。

由同學入殮的男高中生

入殮儀式的第一道程序是褪去往生者身上的衣物，換穿白色壽衣。

基本上，和服的衣領穿法與平日相反，俗稱「逆儀」（逆さごと）。有一種說法是為了讓脫離肉體的靈魂，在看見自己的身體時能夠察覺自己已死的事實「原來我死了」，將屏風反置也是同樣道理。

壽衣採用所謂「左前」穿法，即右側衣領交疊在上。接著穿上分趾鞋襪、小腿護套，於雙手套上袖套，並且將所有綁帶一律繫成縱向蝴蝶結（縱結び）。這些全是為了讓往生者「啟程前往另一個世界」的裝扮，日文亦稱「旅支度」（出行準備）。

不過，最近不單單只限白色壽衣，還開始出現帶有花紋等獨特風格的壽衣，讓往生者換穿生前喜愛衣物的情況也越來越普遍。在我的經驗裡，也曾經在入殮儀式上替某位原本要嫁人的新娘換上純白的婚紗禮服。那一身裝扮，十分美麗。

在實際更換壽衣時，首先必須緩解屍僵情況。儘管屍僵有相當大的個人差異，但屍體通常會在死亡數小時後開始僵硬，大約半日便全身硬化。屍僵程度因人而異，有時也可能難以緩解，是一份十分吃力的體力活。

提到屍僵，讓我回想起某個死於車禍的男高中生入殮時的情景。

宮永壯太死於機車事故，當時他的遺體死後硬化狀態，是我入行後遇過最嚴重的。全身僵直，堅硬如石，怎麼扳都扳不動。

簡單來說，死亡前不久剛做過運動，或是本身肌肉量偏多的人，容易出現明顯的屍僵現象。既然是高中男生，或許是社團結束後才回家，也可能是剛和朋友做完運動。總之，他的體格結實強壯，外表看上去就是個精力充沛的人。

壯太的入殮在家中舉行，常和他玩在一起的朋友夥伴全部來為他送行。他們坐在前排，不管是男同學還是女同學，個個哭得唏哩嘩啦的。想來也是自然，畢竟在昨天之前，他們一定是天經地義似地彼此打鬧、聊天、互傳 LINE 訊息，況且他們還這麼年輕，極有可能是人生第一次遭遇身邊的人死去。

我檢視壯太的遺體，雖然他遭逢機車衝撞，但外傷並不嚴重，也已經停止出血，但是就如先前所言，他的軀體非常緊繃，整個蜷縮在一起。

「看來這得費一番工夫了」我一面評估，一面在心中對壯太說話，打算慢慢鬆解他的屍僵情況時……，我也說不上來，心底就突然冒出了一個想法。

「最後我想和壯太這一群好朋友一起替他送行。我希望他們不只是哭泣，而是能正視死亡，送他一程。」

那種感覺就像是「僵直硬挺的軀體」，和「我能為這群沉浸在悲傷裡的年輕人做些什麼？」的想法，完美結合在一起。雖然我很猶豫這個決定是否恰當，但看壯太家屬安排這群好友坐在前排，想必很重視他們，故而決定大膽提出建議。

「大家要不要一起幫忙？」

一張張依舊稚嫩的臉龐上掛著淚水，一臉茫然。儘管一般在入殮時不可能提出這樣的建議，但我又緊接著說下去。

「壯太是在全身非常用力的狀態下去世的，所以他的身體變得十分僵硬，我猜他的肌肉一定相當發達吧？」

「沒錯！」一名男同學邊哭、邊使勁點頭附和我說的話，「這傢伙超強的」。

「我猜一定是這樣。如果方便，接下來我將進行入殮儀式，替壯太換穿壽衣，可以請你們協助我，在這最後一刻，為壯太出一分力嗎？」

大概是沒料到我的提議，每個人露出驚訝的表情，卻依舊堅定地回答我：

「當然……當然！我願意！」

男女同學紛紛起身，聚集在壯太四周。

接下來，大家同心協力，為了這段珍貴的最後時光，專注在手邊的作業，絲毫沒有被冰冷的遺體嚇到，按壓著肩膀，一點一點地緩解遺體的僵硬。

「這個該怎麼做？」

「首先抱住那邊……」

「我那麼用力不要緊嗎？」

「只要出力的方向是對的，沒有那麼容易折斷，所以不用擔心。」

「袖子要怎麼穿過去？」

「這個要……」

他們心無旁騖地淌著汗水，努力為好友整裝打扮。

更衣、化妝結束後，最後是梳理髮型。當然我已經有事先準備，但我還是刻意地問了一句：「誰有帶髮蠟嗎？」接著一名男同學舉手說：「我有」，拿出已開封的知名廠牌髮蠟，於是每人手上各沾抹一些髮蠟，完成最後定型，結束入殮儀式。

「完成」、「還挺帥的嘛」、「對啊，看起來就像睡著一樣」。

每個人一副完成使命的表情。

與往生者的同學齊心協力一起完成入殮儀式，這也是我歷經多場入殮以來的第一次體驗，那是一個很奇妙的景象。當然，我仍然不知道那樣的選擇是否正確。冷靜想一想，就算有家長提出抗議也不足為奇。

只是，雖然我只能說那是一種直覺，但我就是深信不疑。

我深信，讓總是膩在一起，彼此嬉鬧、打屁，認真聽對方分享戀愛話題、商量煩惱的好夥伴為自己入殮，對往生者來說是何等光榮的事，而能夠在最後替好友出一分力，對他們日後人生也一定會留下珍貴的意義。

看他們哭得那麼傷心，讓人由衷希望這群孩子能有更美好的未來，於是忍不住脫口詢問：「要不要一起幫忙？」

雖然我很猶豫，但心底某個聲音告訴我：「我必須這麼做。」

我不希望他們以「悲傷的事故」收尾，而是希望他們能與活著的好友們共同分享這場大概是人生第一次親眼所見的死亡。

我希望他們留下「送行」的回憶，而不是「離別」的哀傷。

說不定，「我們用雙手親自為好友送行」這件事，會在往後人生痛苦不堪的時候，成為他們珍惜生命的重要依靠。或許是多管閒事，但我希望他們能把這一次的失去，化為生命的養分活下去。我抱著近乎祈禱的心情，希望他們能回想起曾經在一起的時光，永遠記住身旁曾有這麼一名好友存在。

儘管只有短短十六年，大概是我現在人生的一半歲數，他還是結交了一群最棒的好友，認可他的強大，願意幫他放鬆僵硬的肌肉，為其更衣，梳整髮型。

我想，這一定是因為他生前本身就是個「好人」、「好朋友」，那一定就是屬於他的生存之道。

一邊告誡自己「你不知道這是不是正確答案」，一邊看著他們臉上的表情，讓我真心相信，這群高中生一定能夠堅強活下去。

找回「昔日舊人」

「好漂亮，和代，妳好美。」

這位聽說罹患些微失智症的老爺爺，是往生者的先生。

在我進行遺體美容（亦稱遺體修復）期間，老爺爺便對著太太的遺體不停讚美：「真美，太美了」。他不斷再三重複「好美」，次數多到家人出聲制止：「哎呀你別再說了，大家都聽得到，害不害臊。」

「禮儀師，謝謝你幫和代打扮得這麼漂亮，她看上去就好像我們第一次見面時候的樣子。」

老爺爺對我這個晚輩也好聲好氣地致謝。看他一臉高興，以及真誠的感謝話語，讓我差點忍不住掉下男兒淚。

「和代，禮儀師把妳妝得好美啊，真是太好了，妳真的好漂亮呢。」

雖然得了失智症，但結為夫妻成為家人，一同度過的點點滴滴，清楚地烙印在老爺爺的記憶深處。他一定是被勾起了與摯愛妻子從年輕到一起慢慢變老的種種回憶。

幫遺體整理儀容，也是禮儀師的分內工作之一。

說起化妝，可能會有女性專屬的印象，但就遺體來說，不問性別，為了讓往生者和顏悅色，看上去有好氣色，遺體美容至關重要（男性反而得另外添加一道仔細刮鬍子的程序）。遺體美容的奧妙，深不可測。就連我十分尊敬的禮儀師前輩，個個早已達到人稱行家、工匠境界的老手們，也都異口同聲地說化妝學無止境，他們終其一生，都在不斷學習。

在化妝方面，我重點擺在「呈現往生者生前的本色」，恢復「他平日裡的表情」。首先，為了恢復生前的肌膚質感，必須塗抹混合油脂（蠟）的特殊粉底，展現往生者原本的膚色，並且仔細遮蓋死後才出現的黃疸或因乾燥所造成的黑斑。打好粉底後，畫上眉毛，妝點腮紅、口紅，一步步地完妝。

在此我們必須考慮的是，要採用什麼樣的顏色？畫多濃的妝？決定一切的最高原則在於「不偏離往生者生前的風貌」。

基本上我們會與家屬溝通，確立大家對往生者印象的共識，並在「自然風」（淡妝）與「美艷帥氣」（濃妝）之間決定濃淡程度。為了搭配壽衣，取得平衡，定裝以自然風居多，但也有些人更適合化彷彿登台表演歌謠秀般的完整全妝。那一定就是往生者生前的風貌，個人獨有的生存之道。

在自家入殮時，如果往生者為女性，有時我也會詢問家屬：「可不可以借用尊夫人生前愛用的口紅？」這一抹胭脂，有時也能舒緩空氣中的緊繃，化為全家熟悉的「平日裡的母親」。

另外，我會特別注意「不過度消除」疤痕、胎記或黑痣。

「話說，婆婆額頭上的這個疤痕是怎麼來的呀？」

「你說這個疤痕啊，就我小時候發生過意外……」

「天啊，太危險了吧！但婆婆有時候真的很粗心大意，還蠻像她會做的事（笑）。」

因為疤痕或胎記既可以成為家人或親戚間聊天的談資，更是人生的證明，是人們努力生存所留下來的勳章。

這些對往生者來說不是必須遮掩的東西，對家人而言也是在回憶「這個獨一無二的至親」時的重要獨特性之一。這就是為什麼我會追求可以回顧人生的立體之美，而不是粉飾後的平面美感。

逝者最後的神情，足以改變生者的心情

況且，恢復往生者容光煥發的「好氣色」，也是禮儀師展現功力的重頭戲。

其實，人的表情會隨著一些細微的陰影，展現不同的印象。我相信大家都曾經在下班回家時，看過自己倒映在電車車窗上的面容，看上去似乎比實際更加疲憊，抑或也曾經體驗過證件照中的自己看起來較為蒼老或陰沉。

往生者也有同樣的困擾。明明不是在痛苦中死去，卻因為細微的嘴角角度、眼睛四周肌膚的凹陷、皺紋或左右不對稱等因素，使得表情「看起來痛苦不堪」。

看到往生者那樣的表情，家屬多半會不自覺產生懊悔情緒。

「是不是因為幫他做延命治療，讓他走得很痛苦？」

「如果我有那樣做，明明可以讓他更幸福……」

不斷鑽牛角尖，覺得責任在己，因而陷入更深沉的哀痛。

所以，入殮時，我們會設法讓往生者恢復生前面帶微笑時幸福而安詳的表情，於口腔內側填塞醫用棉球，還原圓潤柔和的模樣。

看到這般容顏，可以讓在世者感受「他一定是度過了圓滿的人生」，也能自我說服「我們能做的都做了」、「很高興能認識他」，好好地送他一程，向前看。

其實，有不少家屬是在往生者上完妝，恢復原貌後，才終於能夠與之面對……。往生者離世前如果長期住院，也有不少家屬會表示：「好久沒看到他這麼溫和的神情了」，露出安心的表情，說著：「你看他，最後走得沒有痛苦，不帶一絲牽掛，一臉神清氣爽地踏上歸途。」而卸下心中巨石。

或許那只是嘴角微微的角度，一條小小的細紋。但這樣一個細微的表情，就足以拯救家屬，展顏一笑。

看到往生者猶如生前的模樣，減緩在世者喪慟的衝擊，接受死亡，坦然面對告別。這段過程，對於在世者的未來也非常重要。

「讓他最後走得平靜又美麗。」

「我很欣慰，能夠好好地幫他辦一場入殮，圓滿的喪禮。」

懷抱這樣的想法，一定有助於撫平家屬的哀傷。我是如此深信著，在撫摸死者的臉龐。

最後的「寶寶更衣」

每一個現場情況截然不同，但同時，不論在哪一個現場，禮儀師都必須以同等的「重要性」公平對待。

換言之，不論往生者是哪一類人，死因為何，以一致的態度提供送行服務，這才是專業作法。

話雖如此，但說實話，當我第一次負責一名滿周歲嬰兒猝死的入殮時，還是感到一股無法言喻的失落感。

總之，遺體若為嬰幼兒，處置方法也與成人略有不同。

舉例來說，嬰幼兒身體含有大量水分，所以乾燥速度非常快，必須仔細保濕。此外，大型乾冰無法順利冷卻遺體，所以必須慢慢地仔細擺放碎乾冰。換言之，有多項技術性細節，需加強留意。

然而，就算在腦中複習這些重點，我也不過是個「普通人」。我告訴自己，別因為是嬰幼兒就想太多，像往常一樣盡責完成入殮作業就好，帶著平靜的心前往現場。……然而，面對小朋友的告別儀式，氣氛終究是不同的。小孩的雙親，尤其是媽媽，處在一種近乎心神耗弱的狀態。

就算主動自我介紹「我是禮儀師，敝姓木村」，女方依舊眼神渙散，神情恍惚，對「接下來將由我執行入殮儀式」的說明，也是聽而不聞。她似乎難以接受幾天前還那般精力充沛的親愛孩子，突然離開人世的事實。

參與入殮的成員，包含我、小嬰孩的爸爸和媽媽在內共三人。一個是始終盯著孩子動也不動的小小身軀而看上去快要崩潰的媽媽，一個是在一旁攙扶的爸爸。

入殮過程中，基本上由禮儀師進行換穿壽衣、化妝等一連串流程，家屬靜待一旁觀看儀式。一些步驟——特別是化妝——有時也會請家人或親朋好友幫忙，不過我們的基本立場是「現下暫且交由專業人士處理」。

然而，那時我心中產生非常強烈的矛盾，猶豫著：「這真的應該由我來執行嗎？」如果是成年的往生者，對於由禮儀師換穿壽衣這件事，我不會有半點猶豫。然而，眼前的往生者還只是一個嗷嗷待哺、必須換紙尿布的嬰兒，與其說是換穿壽衣，反而更像是「寶寶更衣」。

換句話說，在昨天以前，這些都還是爸爸媽媽親力親為的事。

雖說是禮儀公司指派的工作，難道我就只能遵照吩咐，秉公處理嗎？在此由我這個禮儀師替兩人「最心愛的孩子做最後更衣」，不是一件很弔詭的事情嗎？我心中不禁泛起種種疑慮。

我該怎麼做，才能讓眼前這對父母面對深沉的悲慟，接受外人支援，而在未來向前邁進？對此提供協助，才是我出現在此的意義不是嗎？

於是我面向兩人，提出建議。

「一般情況下是由我一人執行所有儀式。不過，如果你們願意，我們可以一起進行。」

爸爸緩緩地抬起頭來說道：「可以嗎？」我回答：「當然。」於是決定三個人一起進行入殮儀式。

他們兩人一邊不停呼喚寶貝的名字：「凜凜乖，凜凜……」一邊一起擦拭那小小身軀，為其淨身。

接著，在準備最後更衣時，淚水突然從媽媽眼中滾滾落下。原本空洞無神的眼眶裡，轉眼間淚水潰堤。在哭了好一陣子之後，媽媽轉過身來對我說：「最後我想幫她洗澡……可以嗎？」

湯灌是替往生者沐浴來潔淨其全身，運用在嬰兒身上應該亦無大礙。我如此評估後，答道：「水不要太熱，就沒有問題。」

就像幫小嬰兒沐浴一樣，兩人一起手托著凜凜的身體，梳整髮絲。充滿憐惜地，從頭頂細髮到手腳指縫間，仔細地用溫水洗淨。或許是平日裡的習慣，他們邊洗邊對孩子說話：「怎麼這麼可愛」、「凜凜，舒服嗎？」

在初次見面時，原本憔悴不堪、目光呆滯的女性，此時搖身一變，展現「慈祥母愛」的一面。凜凜泡在溫熱的洗澡水中，看上去好舒適。這位小嬰孩到底是如何度過這短短一年人生呢……？

「對不起。」

媽媽輕撫著凜凜的身體，開始喃喃道歉。眼淚撲簌簌地流下，口中一遍又一遍地重述「對不起」。

最後由媽媽換穿尿布，之後兩人合力為她穿上和服。「對不起、對不起……」，那是一段悲傷到不能自已的傷心時刻。

入殮期間，不時傳來爸爸的「謝謝你」和媽媽的「對不起」，令人印象深刻。原因不明的嬰兒猝死症，可能發生在任何一個嬰兒身上，並非任何一人的過錯，但很明顯的，凜凜媽媽覺得自己要負起大半責任。

這位母親是否終有一天也能由衷說出感謝呢？——我心中如此思索著，結束了入殮儀式。兩人的「謝謝」與「對不起」，至今依舊深藏在我心底。

摸索禮儀師的新型態

誠如序章中所提，我個人設立的禮儀公司提供「送行者葬禮」，禮儀師不僅負責入殮服務，還包含估價、協商乃至喪禮、火化——換言之，禮儀師會在整個喪葬過程中一路陪同。

一般而言，禮儀師的遺體修復大約一次，但我們會仔細評估遺體狀態，進行多次修復。因此，遺體可以隨時保持宛如生前一般的容貌，避免在世者因為遺體「面目全非」而移開目光的窘況。家屬不但可以觸碰往生者，還可以瞻仰他的容顏，對其傾吐心聲。

此外，喪禮形式亦可自由發揮。舉例來說，我們可以專門打造符合家屬或往生者風格的喪禮，而不是像一般葬禮單調地挑選靈柩等級或靈堂鮮花等選項。

那麼，為什麼我決定開始這種形式的「送行者葬禮」？接下來，我會淺談一些日本殯葬業現況。我想了解的人應該不多，所以請容我稍作說明。

一般而言，禮儀師是禮儀公司的外包對象，更具體來說，就是禮儀公司的「承包商」。禮儀公司委託禮儀師所屬的任職公司，指定時間及地點，派遣禮儀師前往現場。但是，這時禮儀師只會取得最基本的資料，像是往生者的年齡、性別及遺體狀態等。

往生者生前是什麼樣的人？

度過了什麼樣的人生？

有哪些家人？

這些構成人性核心的部分，完全無從掌握。

況且，禮儀師可與家屬直接會面的時間，僅限進行入殮儀式的那短短一小時。由於時間十分短促，因此對往生者及其家屬知之甚少（所以，當我還是一名「承包業務的禮儀師」時，我認為自己並沒有像先前所述，與往生者交談）。

禮儀公司聯絡我們的時間也不一定。死者往生後到我們接獲通知，中間隔了一段時間也是常有的事。抵達現場後，看到遺體身旁圍繞著一群親戚，卻是嘴巴半開或死不瞑目的狀態時，我總是會不禁悲從中來。

另外，接獲通知後，遺體早已完全變形……這種嚐盡悔恨的現場，我也早已歷經過無數次。

說不定，讀者之中也有人曾經參加過不忍瞻仰往生者遺容的喪禮，其實背後隱藏著這些原因。遺體會如何變化，有許多未知因素，所以在適當時機進行處置，十分重要。

我希望各位不要誤會，這絕對不是對殯儀業的批評。

不過，再怎麼想幫往生者「進行初步護理」，禮儀公司沒有通知，禮儀師便不可能與往生者有所接觸。即使心中出現「想幫往生者補妝」的想法，也必須經過許可，總是會面臨綁手綁腳的規定。總之這份工作的結構，讓禮儀師很難只專心面對往生者及其家屬。

當然，哪怕只有入殮一個小時，禮儀師也能為往生者及其家屬做許多事。那是我驕傲之所在，也是考驗禮儀師技能的部分。

然而另一方面，我對自己「明明可以做得更多」卻無能為力而感到沮喪，也是不爭的事實。

死亡，讓人活下去

我想進一步提升告別的品質。

我希望提供一種能夠協助家屬在未來向前看的告別式。

——獨立後的數年間，我一直抱持著這些想法。最後決定自己成立公司，擁有殯儀館，並由禮儀師執行入殮至喪禮的一切事務。

禮儀師站在協助往生者最後啟程的立場，從一開始便與家屬進行詳盡的溝通，進一步了解往生者「度過了什麼樣的人生」，再依此規劃「最後的告別」。

我希望能夠提供這種新型的喪禮型態。這在殯儀業來說是不可能的任務，但要追求「圓滿告別」，別無他法，我只能全力以赴。

失去心愛之人會伴隨深沉的哀痛。死別，彷彿整顆心被人緊緊掐住般痛苦，會讓人感到絕望，以為世界就此毀滅。

但是如果可能，我的最大願望是希望透過告別，為在世者的未來帶來一些正面影響，期盼他們能夠藉由替重要之人「送行」，重新開啟新的人生。

「死亡，讓人活下去。」

這是我所重視的價值觀。與至親之人告別，讓我們有機會重新覺知其他家人還活著的事實，認真思考「如何活下去」，並朝此方向往前邁進。在世者歷經什麼樣的告別時光，相信對他的人生及未來，都會帶來深遠的影響。

為此，緬懷、感謝、弔念死者的時間是萬不可欠缺的。

所以，我們也要真摯地面對每一次的告別，認真為往生者及其家屬著想。

我想正是因為自己懷著這樣的決心投入入殮及喪禮工作，所以才會養成與往生者交談的習慣，拜託他：「請容我陪同您一起打造最後的告別時光。」

與自盡丈夫的「最後告別」

但是老實說，我一開始投身入殮工作時，並未懷有如此抱負。剛開始，我只是以一個很普通的「接案」禮儀師的身分，承接生命禮儀公司指派的工作。

拼命地磨練技術和技巧，努力不懈，希望自己盡早成為一名能夠獨當一面的禮儀師。然而，如今回想起來，那時的自己既不具備任何生死觀，似乎也還沒做好心理準備去承擔歸結往生者人生場域或家屬未來的重責。

那麼，為什麼我會為了追求理想的「最後告別」而設立公司，負責入殮至喪禮的所有事務呢？

最大轉折發生在我開始從事禮儀師大約一年左右，正值我可以自信滿滿地前往入殮現場的時候。那時，我接到一份工作委託。

「爸——！不、我不要！」

一名五十多歲男子，靜靜地躺臥在家中，他的妻子及兩個女兒淚流不止地守在身旁。面對此景，我不知該如何是好，只能任憑時間流逝。

那是一起硫化氫自殺事件。

這類因吸入有毒氣體而死亡的遺體，必須施以特殊處置，因為死者生前吸入的氣體，死後可能會從毛孔滲出，進而危害圍繞在遺體旁的家屬生命安全。

所以，最後必須將遺體全身「包覆」起來。也就是說，為了封住毛孔，必須用繃帶或透明膠片纏繞遺體。

在此，我並不是想討論技術上的細節，重點在於，這道處置是在入殮階段進行，必須趕在守靈及喪禮之前，將遺體全身包裹封存。

換言之，「早在最後告別闔上棺蓋之前，便再也見不到往生者的面容」。

特別是在舉行入殮、守靈、喪禮等儀式的情況下，家屬會有幾天的時間和遺體面對面相處，端詳往生者安詳躺臥時的神情，或為其補妝，或望著他的臉龐，傾訴思念，做心理準備，面對心中的哀傷。畢竟，人的「面容」代表著一個人本身，是不容取代的表徵。

但是，採用硫化氫自殺的遺體，不能放著不管，在送行準備就緒之前，遺體便已封存，看不見臉孔，迫使在世者提早體驗真正的「離別」。

再也見不到心愛之人的最後一面。明明他才剛過世不久。我根本還沒整理好自己的情緒啊。

——對家人來說，這是多麼痛苦的一件事。那時我才二十出頭，很難說出「我懂」這句話來安慰他們。

只是，看著他們一家人悲傷到幾乎快坐不住的身影，真的讓人於心不忍。那時我由衷希望能盡量讓他們有更多時間，心中不留後悔地度過這最後一刻，但我也只能在遺孀和女兒依偎在死者枕邊時，一邊留意房間內的通風，靜候在一旁。

然而過不了多久，禮儀公司的負責人過來催促：「時間差不多了，麻煩你開始入殮處理。」於是，我向家屬解釋：「必須用布封存遺體。」

遺孀太太聽聞後，小聲地拒絕我：「不行。」

「拜託你，再多給我們一點時間……」

看著她強裝鎮定，忍著不被悲痛擊垮的表情，我再也吐不出任何催促的話語，僅能回覆：「……我明白了。」

然而，禮儀公司自有業務時間的安排，禮儀師也必須遵守時間，完成工作。法師來的時間早已敲定，殯儀館也有他們的預定行程。當時我一天承接三至四場入殮作業，還得趕去下一場。

姑且不論這些，對禮儀師而言，指派工作的禮儀公司所下的指令是「絕對」必須遵守的。所以，不論是那句「我明白了」的回覆，還是「再等一下」的決定，都不是專業禮儀師應有的行為。我心想這下慘了，一定會收到禮儀公司的投訴。

再就我個人情況來說，當時我身為一名禮儀師，在職場一帆風順。我以禮儀師二世之姿加入父親設立的公司，也累積了不少實力與自信。還有因為我身手俐落，每場入殮完成時間短，所以頗受禮儀公司重用，認為我是個可以託付更多工作的人，這些我心底都明白。

換言之，我因為同情家屬而長時間逗留在一個入殮現場，等同失去了我至今辛苦累積下來的信任與事業。

即便如此，當我聽著他們三人對逝去的丈夫、父親傾吐的微弱細語，我實在一籌莫展。禮儀公司的負責人似乎有些焦躁，多次催趕：「守靈時辰已到，你趕快動手啊！」

儘管我頻頻向禮儀公司低頭致歉，但依舊不忍出聲打斷她們母女「我們差不多該進入下一階段了……」

那時我整個人陷入一片混亂，完全不知道該以什麼為優先，該堅守哪些原則。

對我而言，入殮終究只是一份工作，禮儀公司才是我的客戶。身為一個承接外包人員，我不該引起客戶不滿。如果我優先考慮自己的事業及成就，早該說聲「時辰已到」而趕緊進入入殮作業。

但在我的眼前，有一家人無法接受這場生離死別——那是她昨日以前還一臉笑咪咪的丈夫，那是她們昨日以前還和往常一樣和藹的父親。

強行拆散她們是對的嗎？

那樣的選擇，對她們三人的未來有任何幫助嗎？

到底，我是為了什麼在工作？

我以為自己以前已經面對了許多的死亡，卻是第一次嚐到如此令人震撼的強烈糾葛。

擁有生死觀，面對生命的最後一刻

最後，那場入殮從原預定時間延遲了九十分鐘，在「真的無法再拖下去了」的時間點，開始進行遺體處置。

但是，我的思緒依舊一片雜亂。我用彷彿「例行公事」的模式迅速完成處置後，甚至不敢直視家屬的表情，如逃亡般地離開房間，趕往下一個現場。

想當然耳，下一份工作，我早已遲到許久，禮儀公司極為震怒，自然是砲轟連連，逼得我們公司社長及各層主管不得不帶著點心禮盒登門謝罪。

另外，眾人看著這個總是早上第一個到公司報到，晚上留到最後才離開，連假日也不肯休息瘋狂工作的「原社長兒子」，犯下他第一個失誤，自然是少不了冷嘲熱諷。

但這些我全不在乎。

那九十分鐘，對她們一家人來說有意義嗎？

我應該能提供更完善的協助不是嗎？

透過交談，應該更能稍微減輕她們的悲痛不是嗎？

我不停地思考這些問題。

當時的我找不到什麼值得一提的答案，卻痛切意識到一個事實——我過度相信自己的知識與技術。我以為只要磨練身為禮儀師的技術，持續累積知識，就能成為一流的禮儀師。

然而，我缺乏的是確切的「生死觀」。

我體悟到，若不探求這個不存在正確解答的價值觀，我就永遠無法成為一流的禮儀師。——面對工作，面對死亡，面對人生，我應該要更確實地掌握自我核心。否則，不論是對已逝者，還是對在世者，都極為不敬。我應該進一步多方思考，更努力地去面對。

如此下定決心後，我覺得自己身為禮儀師的立場發生了極大的轉變。對在此之前一味追求知識與技術的自己來說，或許那場入殮可以說是促使我真正開始認真思考「最後時刻」意義的一瞬間。

第 3 章

「了解人生」這件事

「你的手指賣多少錢？」

生死問題，向來沒有正確解答。更何況身為禮儀師，不單單只是談論自己的生死觀，有時還得站在遺屬的立場來看待死亡，必須仔細想像每一個人的情況，盡己所能提出看法。

舉例來說，當有人詢問：「失去重要的人，是什麼樣的感覺？」禮儀師從入殮到喪禮，一直陪伴在遺屬身旁，儘管說不出正確答案，也都應該具備自己的見解。

為了更接近答案的核心，有時我會問員工或朋友一個問題。

「我出錢買你的小指指頭，多少錢你願意賣？」

如果是你，會如何回答？

在問這個問題的時候，我會刻意用輕鬆語調提問，得到的回覆是五花八門。「一千萬吧」，「不止吧，至少要八千萬以上」諸如此類。

接著，如果進一步針對其他身體部位一個個問下去，「那整根小指呢？」、「食指呢？」、「左手臂呢？」、「腳呢？」……當然，隨著範圍擴大，或是對自己而言愈重要的部位，金額就愈高，然後到了某個關鍵部位，就會劃出一道清楚的「界線」──「不不不，就算你給我幾百兆，我也不賣」。

在此讓我們換個觀點，探討他人的生命。

「如果有人跟你說金額無上限，要你出賣某個遙遠國度陌生人的生命，你會答應嗎？」

這道問題實在太不切實際了，所以聽者通常會陷入一陣沉思，然後含糊回答：「一千億？不、一兆的話，或許吧？」

但是，如果問題改成：「要是有人說要買下你母親的生命，你會做何反應？」對方通常會露出一臉嫌惡的表情，彷彿不願思考如此觸霉頭的問題似地即刻回答：「我才不會賣」，而且所有人反應一致。就算將問句人物改成「親友」、「兄弟」，大家一律回答「不賣」。在此也同樣地，儘管是下意識的，人們心中依舊劃了一條「界線」──「就算可以一生榮華富貴，也絕對不願失去的一群人」和「那些無關緊要的人」。

所有人的生命都同等重要，相信這一點無須明言。生命沒有輕重之分，也不該有這樣的區分。

我想表達的重點是，「禮儀師所面對的，是那些剛失去『這條界線範圍以內至親』的人們」。

那是就算給他們取之不盡用之不竭的財富，也不願失去的重要之人。他們才剛失去生命中無可替代的珍寶，而我們禮儀師必須為他們舉辦一場圓滿的告別式。可以想像那是多麼艱難的一件事。

這種說法可能不太恰當，但我總覺得所謂的「死者家屬」，其實是最接近「半死不活狀態」的一群人。因為他們確實猶如「失去半身骨肉」，所以形同身在生與死之間。

當然，這種感覺會根據本人與往生者的親疏而有個人差異。但總的來說，我們所接觸的對象是一群被強行剝奪身體的人。

不再是「里紗媽媽」的衝擊

不只是失去半身骨肉，失去重要的人，有時也會連帶失去一個人的個性或自我認同。

幼稚園生里紗病逝，在她的喪禮上，讓我對這一點有極深的感觸。那是一個相當於只有家祭的小小喪禮，不過許多里紗幼稚園的好朋友及母方家長也前來祭弔。

喪禮本身進行得相當順利，但在喪禮期間，里紗的媽媽說了這樣一段話。

「我已經不再是『里紗媽媽』了。幼稚園的媽媽友，大家都用我的名字『明子』叫我。我以前明明一直都是『里紗媽媽』的。」

「我好難過」這句話出乎我的意料之外，帶給我非常大的衝擊。

當然，那些身為母親的媽媽友也一定相當苦惱，左思右想後，才決定改掉稱呼的方式。我十分了解她們的心情，深怕稱呼「里紗媽媽」，會喚起她悲傷的情緒，而且今後總不能一直那樣稱呼她……

但是，明子無法接受這樣的轉變。雖然當時我還沒有小孩，但總覺得可以理解她那種別人當里紗不存在似的悲傷，以及失去自己重要職責及自我認同的失落感。

所以，在里紗媽媽對我表明她好難過的當下，讓我再次重新思考「人果然是藉由他人的存在而成就『自我』」的這個想法。

我自己本身為人夫，為人父，同時也是一名禮儀師，還是一間公司老闆。也就是「木村光希」這個人，分別存在於他與妻子、女兒、往生者與其家人、和員工之間的每一個關係中。反過來說，或許把每個人描繪的「木村光希」拼湊起來的綜合體，才是所謂的「我」。

因為失去某個人而被社會或群體排除在外，體驗自己誰也不是的焦躁感。這種情緒並沒有得到太多的關注，但是我認為，對本人來說那也是一個極大的失落。

以里紗媽媽為例，她在失去寶貝女兒的同時，也喪失了「為人母」的核心身分。對有小孩的母親來說，「媽媽」的身分是一個很重要的自我認同。她一定是倍受衝擊——從今以後我究竟會變成誰？還是我誰也不是？

如同上述，失去重要的人，會伴隨各種失落感。

該如何與剛經歷這種失落感的人溝通？該讓他們體驗什麼樣的時間與空間？如何讓他們接受死別，邁向下一段人生？

我必須不斷地思考，直到我離開這份工作的那一瞬間。

昨天才通過電話的工作夥伴……

所以，身為一名禮儀師，失去重要的人，對我來說意義重大。雖然痛苦，但當我克服了心中的失落感時，便又更接近「能夠同理家屬心情的禮儀師」的目標。

禮儀師之死，對我來說是名副其實的「重要伙伴之死」。在那數星期裡，儘管見過如此多的死亡，這場降臨在自己身上的生離死別，卻成為我畢生難忘的回憶。

中本雄介是一名禮儀師，定居在神戶，比我年長約十歲。雖然他原本在其他間公司任職，但我們很早以前就認識。

幾年前，我們的關係開始有了變化。他主動聯繫我：「我很猶豫，猶豫自己是否該維持現狀，繼續當一名入殮師。我想嘗試更多挑戰，希望能和木村一起打拚。」於是，當我計畫將「送行者葬禮」事業擴展至關西地區時，我決定請中本擔任負責人。

籌備期間，我們各自在東京及神戶做準備，當進度逐漸具體明朗時，我們開始頻繁地在關西開會，即便沒有碰面，也幾乎天天通電話。中本本身非常期待：「終於等到這一天」，我也很開心能和他暢談未來的展望。

後來，在某個春天早晨，電話螢幕上突然出現他的來電顯示。我內心狐疑了一下，因為我們前一天才通過電話。我一面猜想可能是他有事情忘記交代，一面按下通話鍵，結果電話另一頭傳來中本太太由香里的聲音。

「早安……怎麼了嗎？」

起初，由香里聲淚俱下，我好不容易拼湊出「我先生昏倒了」的句子。那時，我不禁回想起昨日電話裡，耳邊傳來中本的自述：「我身體有點不太舒服，不過應該沒什麼大礙。」

「醫生說是中風，大腦裡也有血液外漏。他說今日醫學科技無能為力，最多只能撐一個禮拜。」

我整個思緒大亂，頓時失去說話能力。「總之，我現在趕過去。」隨即取消所有預定行程，急奔神戶。

我抵達醫院。中本身上插了無數條管線，陷入昏迷。他六歲大的女兒和四歲兒子緊緊抱著爸爸的身體。大女兒不停呼喚：「爸爸、爸爸，你起來。」小一點的兒子則努力替爸爸加油打氣：「爸爸快快好。」由香里整個人心力交瘁。

最後，中本在昏倒兩週後，在沒有恢復意識的情況下離開了人世。

來到入殮時辰，我卻久久不能平復情緒。

我們禮儀師的基本裝扮是黑色西裝，中本長年從事禮儀師工作，所以似乎也只擁有清一色的黑色西裝。

然而，在他的衣櫃裡，掛著唯一一套全新又時尚的西裝。那時恰好是在他離開上一間公司，即將到我們公司就職的前夕。因為升上分公司總經理，他豪邁地訂製了一套帶有花紋的灰色西裝。

由香里拿出這套西裝，對我說：「最後可以請你幫他換上這套衣服嗎？」攤開一看，內裡繡著中本的名字，像是主人驕傲地宣示他的所有權。這套西裝充分傳達了中本當時放手一搏的決心。

「為什麼……為什麼我得幫這個人入殮……」

我心中充滿無處宣洩的悲痛，開始入殮處理。

擦拭他的身體，為他穿上由香里轉交給我的灰色西裝。這套西裝相當出色，不打領帶也很帥氣，相當適合他。接著，我解開自己身上的領帶，幫他繫上。那是我們公司的領帶，他還沒有戴過。

中本穿著全新西裝，搭配黑色領帶，看上去俐落有型。「爸爸很帥吧，」我如此對著他的大女兒說。小女孩語帶保留地回問我。

「我可以抱抱爸爸嗎？」

我心頭一緊，回答：「可以啊，妳爸爸他一定會很開心。」

「爸爸──！」

接著，小女孩用盡全身力量大聲哭喊，用她那小小的身軀，緊緊抱住爸爸的身體。

「爸爸，我最愛你了！！！」

聽到那稚嫩的聲音，一旁的大人再也止不住淚水。

在此之前，雖然我也曾歷經過曾祖母等親戚離世，但這是我第一次體驗年輕的朋友——而且還是預計要一起開創未來的夥伴——死亡。

當我聽到中本倒下的消息時，腦袋真的一片空白，我甚至失去所有思考能力，幾乎快要忘記如何搭乘新幹線。

「死亡，隨時可能降臨在任何人身上。」

儘管我面對這個真理近十年，實際發生在自己身上，才知道竟會讓人如此驚慌失措，說來實在汗顏……

中本去世後，我覺得自己比以前更把「死亡」當作是切身之事。那有點像是「知識成經驗」。在那之前，我從來不曾體驗過「兩人曾經共有的『未來』，突然間灰飛煙滅」的內心衝擊。

在我的公司，許多員工分享：「我會成為一名禮儀師，是因為失去了生命中最重要的人。」我相信他們一定是將自己曾經感受過的悲痛化為力量，反映在入殮儀式上。

其餘的員工在歷經親近之人死亡，親自為其送行後，身為禮儀師的水準似乎也因此大幅成長。猶如醍醐灌頂似的，不論是入殮手勢，或是陪伴遺屬的方式，都有所改變。因為能夠深刻體會死者家人的痛苦，所以提升了關懷悲傷的技巧。

失去的體驗，就連我們這些經常凝視死亡的禮儀師，也會受到巨大衝擊。以往所看到的景色變得全然不同，人生也不再一樣。

反過來說，禮儀師所見證的，正是死者家屬生命中的這種時刻。如此一想，我不禁再次深刻體悟，禮儀師是一份責任重大又特殊的工作。

對禮儀師來說，死亡代表「工作」。但是想到那些在世者，他們才失去生命中最重要或最親近的人，我們絕不能把那當作只是眾多入殮或喪禮中的一場儀式。更不用說，不應當作是跑流程一般走過場了事，必須盡己所能，提高每一位的「告別品質」。

為了達成這個目標，我們能做的，其中一項便是「了解往生者」。

我既不想改變「努力去了解」往生者及其家屬人生的態度，也不想放棄「了解」這件事。

多一些「了解」，以慰死者在天之靈

從入殮到喪禮，全權交由我們安排時，我們會陪伴家屬大約三至四天的時間。以前只處理入殮時，從「你好」的第一聲問候到退場大約相隔一小時左右，所以兩相對照下，我們會陪伴在家屬身邊相當長的一段時間。

我們花這麼多時間陪伴家屬，能做什麼？

第一點，從初步護理到火化之前，我們可以協助將遺體保持在最佳狀態，讓家屬們安心地伴隨在往生者身旁。

接著，和以往最大區別在於，我們「得以了解」往生者的人生及其生存之道。

我希望可以從各式各樣的「資訊」中，盡可能地去了解往生者的一切，諸如家屬陳述往生者的過往，陳列眼前的遺物及照片，還有家屬間的對話，空氣中瀰漫的氣氛等。

他的人生歷程，生存之道，性格或個性。

他所珍惜之物，喜愛之物。

他的人際交往，與家人親屬間的親疏，其中的感情糾葛。

……我們從各種資訊，層層堆疊起往生者的一生。

禮儀師必須了解這些「資訊」，所為目的只有一個——「讓他走得像自己」。也就是說，我們希望已成為靈魂的往生者能夠心滿意足：「他們為我辦了一場符合自我風格的告別」。

營造一個場合，讓主角的往生者得以感到欣慰，將會成為家屬心中理想的圓滿告別，從而迎向美好未來。我如此深信著，所以儘管冒昧，依舊希望多少能夠了解往生者的生平。

一旦了解往生者的生存之道，不論是遺體美容、喪禮程序、還是放入靈柩裡的陪葬物，都會有所不同。這世界上沒有人會過著完全同樣的生活，所以送行方式也應該各不相同。

為了盡可能表現出往生者的風格，第一步便是從「了解」開始。我會盡力多和家屬溝通，關懷他們的悲傷與失落，傾聽關於往生者的生存之道。這一切都是為了讓主角更加耀眼。

照片裡的一頁人生

那麼，如何才能了解已逝者的過往人生？

其中一條線索便是「照片」。在準備喪禮時，通常多半會先決定棺柩、靈堂、鮮花、餐點等項目，但我們的第一步是先和遺屬一起挑選照片，決定遺照。

照片中的往生者在做什麼？露出什麼樣的表情？

曾經住過哪些地方？去過何處旅行？

和誰一起拍的照片？

透過這些方式，我們看到了往生者生前的人生一隅。

照片，顧名思義，是一種超越時間，「映現」在場人物的道具。

和家屬一起仔細翻閱往生者從孩提時代到去世前的照片時，有不少家屬會指著某張照片，與我們分享往生者的小故事：「你看，這張表情不錯吧」，「這是我們一起去關島旅遊時的照片，那時我感冒……」有時候，我們也會主動詢問家屬：「這張笑得好開懷啊」，「有好多電車的照片，他以前很喜歡電車嗎？」

這時的談話內容非常引人入勝。在昨日以前還完全陌生的往生者的人生，就這樣一一浮現在我的眼前。這讓我強烈感受到，自己面對的不是一具「遺體」，也不是一個「往生者」，反而更像是「一個活生生的人」。雖然我盡量不對員工說這些，但在聽家屬談論往生者的過程中，我有時甚至會覺得自己好像也是他們的親屬之一。

有時攤開照片，家屬之間的對談「奇怪了？這人是誰啊？」、「哎呀，那個是如此這般」，你一言我一句的熱絡情景，也別有一番風趣。有時也會發生家屬看到照片，才發現往生者竟有一段家中無人知曉的過往。

「咦？媽媽以前在某某公司上班喔？」

「這房子在哪裡啊？什麼？他以前住過某市？」

發現這種驚喜，往往能讓緊張的氣氛鬆緩下來，時而笑顏開懷，時而淚眼婆娑，時而懷念，時而面對失去的傷痛，從而得以邁步前進到下一個階段。

這時，我只需傾耳細聽，遙想眾人記憶中的往生者。

照片是追溯本人一生的重要指引。

不僅是照片中的主角在現場，幫忙拍照的家人或朋友也在，而且掌鏡人與拍攝對象的關係也會反映在照片上。照片可說是往生者曾經活過的證據，也可以說是一種從記憶中抽出各種回憶的媒介。

所以，在我們營造入殮和喪禮的氣氛上，或是在家屬一同回顧、追憶往生者的人生時，照片都是十分重要的工具。

只是，也會有讓人覺得「可惜」的時候。——這句話的意思是，照片中不太會呈現我們的「日常」。舉例來說，當孩子還小的時候，我們會按下快門，捕捉他們的每一個表情，但隨著年齡增長，照片張數往往也會隨之減少。當某一個人或某個地方愈是接近自己的「日常」，我們用照片為其留影的次數就愈容易減少（夫妻、親子、時常光顧的店家、同事之間也是如此）。

儘管看著往生者的照片，我也經常會想像他一定還擁有許多照片中沒有捕捉到的美好「日常」。我真心希望大家能多用照片留下每天平淡無奇中的珍貴時光。

縱使無法相見也能實現的超時空告別

提起照片，有一段讓我印象相當深刻的回憶。

電視節目《專業人士的工作風格》播出一段時間後，我接到一通電話，致電者是節目中出現的某老太太的親戚。這位老太太在護理機構入住二十三年，以九十一歲高齡去世。

那間機構雖然位在北海道，但老太太的故鄉在九州，親戚也多半居住在九州，由於長期疏遠，所以無法前來為她送行。

這位先生是老太太的姪子，他在電話另一頭如此說道。

「首先我要感謝木村先生，多虧您上電視，我才能看到光代姑姑。我還有機會看到她最後一面，真的是太感謝您了。

姑姑以前因為某些原因，自己一個人搬去北海道住，雖然我也很擔心……，後來在電視上看到木村先生跟機構人員如此溫馨替姑姑送行，讓我稍稍鬆了一口氣。我一看到她的臉，那些早就忘得一乾二淨的回憶，一下子全浮現在腦海裡。我回想起姑姑以前是一個很嚴格的人，我常常惹她生氣，老是被她罵。

後來我聯絡我們這邊的親戚，大家聚在一起，一邊看著我事先錄起來的節目，一邊聊了許多往事。木村先生在替姑姑送行的時候，張貼了許多張照片，我們就在節目出現照片的地方按暫停，大家相爭地你一言我一句說『那個是我耶！』、『也有拍到我耶，真是讓人懷念』。其實我也有出現在照片上，那是很久以前的事了，但看到照片才想起來以前有跟姑姑合照。」

我在電話另一端越聽越感動，上述內容雖然不是一字不差的原音重現，但是我真的非常高興。

光代是某企業公司第一位升任主管級的事業女強人，無論待人還是待己都十分嚴厲。她的後半人生雖然和親戚疏遠，但最後大家一起接受她的死亡，並且共享一段時光，一同回顧她充滿戲劇性的人生，以及堅定不移的生存之道。就算他們沒有直接親眼目送遺體，大家依舊一起好好地為光代送行。我想，透過這樣的形式，一場生離死別，算是取得了折衷。

這場超越時空的「告別」雖然是因為我偶然參加電視節目而得以實現，但也可以說是多虧照片這個最大功臣，才讓一切成為可能。

往生者的「資訊」掌握在眾人手中

當然，要創造主角滿意的空間，不是一件容易的事。

例如，在我資歷尚淺時，有一次詢問家屬：「有任何東西希望和遺體一起放入靈柩裡的嗎？」一位嗓門很大的女性似乎是遠房親戚，強行決定：「那就放甜饅頭進去吧！」雖然當下我覺得有些奇怪，但也不可能回絕她的意見，便順著她的意思答覆：「甜饅頭是嗎？好的。」

過了一會，長期以來一直照護往生者的兒媳婦，安靜地快步靠近我說：

「不好意思，我婆婆其實不太喜歡甜饅頭……方便的話，可不可以幫我把這個一起放進去？」悄悄地把往生者生前愛吃的糖果遞給我。

當然那位遠房親戚應該也沒什麼惡意，或許她只是依照舊時回憶，覺得甜饅頭很好而堅持己見也說不定。兒媳沒有當場提出反對意見，大概也是顧及親戚間的關係。

但是，至少我個人認為，由更了解往生者生前的人來決定送行形式，才是真正替「主角」著想。畢竟，能夠有生前喜愛的東西陪葬，往生者一定也覺得很開心。

當然，每一個家庭成員都各自擁有關於往生者的資訊。

一名男子，對妻子來說，可能是共度六十年人生的可靠伴侶，對孫子來說，他可能是個嚴格而有點不好相處的爺爺，但是對姪女來說，他又可能是個好伯父，願意聆聽自己難以向父母啟齒的煩惱。

即使是同一人物，也會擁有多張不同面孔。透過匯集眾人的記憶，往生者的人物形象才會逐漸清晰。

「我」是因某人的存在而成立。「我」之所以存在，是由周遭眾人聯手所建構。

我希望能夠透過仔細蒐集這些「周遭眾人」手中的資訊，來打造往生者人生的最後時刻。

我不想用再尋常不過、虛有其表、可以套用在任何人身上的方式送他們啟程。

我一面留意不要太過深究追問，一面向家屬詢問往生者的過往，然後從這些資訊勾勒出每一位逝者的人生及生存之道。這麼瑣碎又麻煩的嘗試，大概會一直持續到我不再當禮儀師的那一天。

「送行者的餞別禮」

那麼，我們是如何將蒐集到的往生者「資訊」，具體運用在告別時刻上？

其中一個方案是「餞別禮」——製作提起往生者時最具代表性的事物，裝飾在靈堂上或放入棺中。這是我們送行者送給往生者的禮物，稱為「送行者的餞別禮」。

「餞別禮」的製作從向家屬打聽消息開始（當然家屬有意願，我們才會製作，而且「在合理範圍內」是絕對宗旨），翻看生前照片，傾聽已逝者的生平往事，從中尋找「得以代表往生者的某樣事物」的蛛絲馬跡。

換言之，這是一個「發現往生者」的任務，找出他是「如何為人所記憶、回想？」抑或「做過哪些事？」

在某位高齡男子的入殮中，第一次會談時，往生者的兒子，也就是此次的喪主表示，希望在父親的靈柩中放釣竿，他說：「因為父親生前很喜歡釣魚。」

我們經常會收到「想在靈柩中放東西」的要求，諸如往生者喜愛的東西、家人的書信、充滿回憶的物品。我想，這是一種希望他在天堂也能快樂生活的溫情表現。

然而，靈柩中無法放置不可燃的金屬及皮革製品。釣竿幾乎全由金屬製成，所以無法放入棺中，十分可惜。「真的很抱歉……」面對我的歉意，喪主立刻善意回覆：「礙於規定那也沒辦法，我明白。」

但是，我還是希望能用別的形式回應家屬的願望。於是，我決定和其他工作人員一起用可燃材料製作釣竿模型。換言之，這是成人版的美術勞作。我們還另外用黏土捏製假魚，請喪主在假魚上書寫感言，和釣竿一起放入靈柩中（我沒有一雙巧手，所以一定需要員工協助）。

喪主看到釣竿非常驚喜：「跟實品好像啊」，然後仔細地、慢慢地在黏土製的假魚上寫下心中的感謝與慰問。

接著完成最後告別之後，他說：「很高興最後能看到父親帶著心愛之物啟程的身影，送他一程。」露出豁然開朗的神情，讓人印象深刻。

到目前為止，我們在「送行者的餞別禮」中，製作過各種形形色色的物品。

為賽馬愛好者製作以生日日期為中獎號碼的馬券。

替最後想去國外旅行但終未能實現的往生者製作原創的頭等艙機票，而且座位號碼是他的幸運數字。

我們也曾經在喜歡四處巡禮橋墩的往生者喪禮上，模仿他最愛的橋墩，打造一座大型裝置藝術，擺設在靈堂上（靈感來自他生前所拍攝的照片）。

誠如以上，「送行者的餞別禮」的用意在於表現在世者記憶中的往生者，家屬口中描述的「那個人」。

另外，有時也會有「實現最後願望的餞別禮」。

在一位病逝的老太太喪禮上，我詢問家屬：「請問各位有想到什麼未完成的心願嗎？」十五歲的孫子一臉遺憾地緊接著答道：

「我想跟奶奶去迪士尼樂園，明明講好要一起去的……」

祖孫倆感情非常好，據說這是兩人在許久以前的口頭約定，雙方都相當期待，卻還沒來得及實現，便天人永隔。

這時，便又輪到「送行者的餞別禮」出場。

我們製作了老太太跟老先生在很久很久以前一起去遊樂園玩時的舊款入園護照，以及乘坐遊樂設施的票券，另外加上現在附入場券的新款入園護照，日期部分則標示老太太的生日。

我們把兩種入園護照交給孫子，他立即展顏歡笑：「奶奶妳看！……好棒呀！」看著他臉上看似欣慰、又像釋懷的表情，我想他一定能夠走出失去老太太的喪慟。而且，我相信老太太自己也一定能帶著兌現了與孫子承諾的心情，了無遺憾的上天堂。

在製作「送行者的餞別禮」時，我會一邊動手，一邊全心全意思考往生者的事情，像是「他是否記得曾經在兒子小時候一起去釣魚這件事？」，「他為什麼會喜歡這座橋呢？」，「好像也有跟家人去旅行的照片，為什麼他會想去那個地方呢？」諸如此類的。

我還相信，像這樣專注在往生者身上的時間，會成為我們打造更圓滿告別的力量。

情感控制在兩成以內

乍看之下，這種說法可能和前文有些相互矛盾，但我認為，在面對往生者時，禮儀師不宜過分介入。

似乎有不少人因為我的職業性質，或是看了電視節目《專業人士的工作風格》之後，而認為我是個善良溫暖的人。對此評價我心懷感激（笑），但被情緒牽著走或變得多愁善感，絕對不是一名專業人士應有的態度。首要是盡最大努力，完成分內工作，達成使命。

所以，我時時提醒自己：「最多投入兩成感情」。

身為一名禮儀師，最大前提是完美無缺、毫無失誤地完成分內工作，並且將八成以上的注意力集中在此，用剩餘的兩成力去思考，怎麼做才能讓往生者及家屬迎接圓滿的「最後時刻」，為他們打造一個量身訂做的告別場景。

我以前也曾經投入一半以上的情感在往生者身上，結果被情緒牽著走，導致頻頻失誤，又缺乏美感，如果無法順利轉換心情，還會影響到下一個工作表現。

以冷靜的心態提供最佳技術，才是禮儀師的首要任務。

投入情感但又不被牽著走……我非常重視這兩者的平衡。雖然不容易達成，但如果不具備這種平衡感，便無法從事以死維生的工作。

追根究柢，我認為會出現這份工作——也就是由「他人」承接處理死亡的工作，自有它的道理在。因為，僅靠親人處理死者後事，是行不通的。

身為一名禮儀師，至今我處理過許多遺體。在稍微凹陷的部位填塞填料，或是安裝特殊鏡片固定眼皮以避免眼睛塌陷，這些都是為了讓遺體保持良好狀態所需要且不可欠缺的處置。不但攸關往生者的尊嚴，也是修復家屬心靈的一個重要環節。

然而，就算我明白這些理論及道理，遇到自己的親人或妻女死亡時，我也沒有自信能夠以專業禮儀師的身分冷靜面對。想要完成「八成」的職責所在，根本是天方夜譚。

換言之，正因為是工作，所以我才能對遺體進行最完善的處理，優雅地完成最完美的入殮儀式；也因此，我可以用冷靜的心情專注思考，「為了修復這一家人的悲傷」而努力工作。

實際上，在同為禮儀師的同事或朋友間，經常可以聽到「我家奶奶到時就麻煩你了」之類的對話，「我實在沒有辦法幫自己奶奶入殮……」

我之所以能夠徹底陪伴在遺體身旁，因為那是「工作」。我可以很驕傲地說，禮儀師這份工作對社會有很大的意義。

不要心存「似乎可以理解他人之死」的念頭

前文中，我曾經介紹一名一歲嬰兒的入殮情況。誠如我在該章節中所述，不能因為是小朋友的入殮或喪禮，就過分投入感情。

就算遺體狀況很糟，不論死因為何，生前職業為何，不管是幼兒還是壽終正寢的長輩，對我而言，「同樣都是一個人的死亡」。

舉例來說，有一次我被叫去某間宅第處理入殮時，被帶進一間我只在黑道電影裡看過的深邃又寬敞的和室中，一群魄力十足、看似部屬的道上兄弟，整齊地列隊在兩旁，齊聲大喊：「麻煩您了！」那時，我確實有片刻心生退卻。

但是後來冷靜一想，躺在我眼前的，不過是一個人類。

我該做的，就是替往生者及其家屬或夥伴進行一場圓滿的告別儀式。於是我冷靜下來，和往常一樣進行了入殮。

不論是政治家、嬰幼兒、藝人，還是LGBT等性別少數群族，大家都是一樣的。不應因為往生者的屬性而對其特別待遇，也不應該特意改變自己的心情或作法。

不論是哪一類的往生者，都以同樣態度去接觸，不貼上任何標籤。「不應抱有任何偏見或成見」——我認為這跟和活生生的人接觸是一樣的道理。

當你過分意識到一個人的屬性時，會不自覺萌生一種「覺得自己好像了解他的人生」的想法——這就是我所害怕的。明明我的工作是替眼前每一具遺體盡最大能力，提供優質的喪禮呀。

聆聽並了解眼前「這個人」所度過的人生及生存之道，將之運用在告別儀式上。我認為下意識地將自己的成見加諸於人，是一件非常失禮的事。

這就是為什麼我會提醒自己「工作占八成，思考占兩成」，而且重點擺在徹底提升那占八成的工作品質。

第4章

如何與重要的人告別

生在送行者之家

禮儀師的工作所接觸的不是死亡，而是「一個人的一生」。人終有一天會死，而我們應該思考的「生存之道」包含兩大原則，「此生無悔」及「活得更美好」。敝公司「送行者」所採行的新型入殮及喪禮儀式。身為一名禮儀師，我的目標擺在透過了解往生者的過往，打造更圓滿的告別場合。

以上，是前幾篇章節中所談論的主題。

我見證過許多「告別場合」，陪伴於在世者身邊，聽著往生者的故事，有幸能在此傳達一些個人想法。

另外還有一點，我之所以能在某種程度上平心靜氣地思考死亡，部分原因果然還是來自童年環境。對小時候的我來說，死亡一點都不隱諱，也不是被大人禁止不准看的東西。相反的，死亡一直「離我很近」。

接下來，請容我從頭介紹自己的出生來歷。那是一個「死亡」近在咫尺，有些不尋常的家庭故事。

我在北海道出生及成長，家中成員包括雙親及三個兄弟姊妹，一家六口。如前文所言，我的父親真二，是一名重視美學而創造出今日入殮儀態的禮儀師，他曾經擔任電影《送行者》的技術指導員。而我，則是看著他的工作背影長大。

父親對我的影響之大，難以計量。不過，追根究柢，父親為何會從事禮儀師這種當時毫無知名度且在社會上遭人鄙視的工作呢？我想那純粹是因為我們住在北海道的因緣巧合所致。

一九五四年，受梅瑞（Marie）颱風影響，發生重大沉船事故。航行於青森與函館之間的交通船「青函連絡船洞爺丸號」不幸沉船，當時罹難與失蹤人數總計一一五五人，僅一五九人倖存，此乃日本海上事故死傷最為慘重的歷史紀錄。時至今日，每到夏天，依舊不時有媒體為此做專題報導。

這起悲慘事故，必須一次搬運一千多具屍體。事發現場在海上，又時值夏天，在地禮儀公司完全接應不暇。真的就如字面上意思，不問專業還是業餘，向各方求助所有可用的人力資源，於是當時在函館經營花店的遠山厚，出面協助搬運遺體。

遠山老師那時就只是一個平凡的市井小民，光是觸摸屍體這件事，就讓他害怕不已。但據說，他將損傷嚴重的遺體，一具一具非常仔細地清理乾淨，歸還給罹難者家屬。

歷經此次事故，遠山老師下定決心成為禮儀師（遺體修復師），並且精益求精，為提升該職業地位，貢獻了許多功勞。

後來，遠山老師在晚年興起收取「最後門徒」的想法而四處走訪，當時我母親的父親（也就是我外公）碰巧與遠山老師見面，聊了起來。外公向遠山老師推薦：「我們家有一個年輕人，正好符合你的需求，就是我女兒她先生，」也就是年輕時的父親。我聽說父親大約是在我出生前一年的一九八七年投入這份工作。

成為遠山老師「弟子」的父親不斷磨練技術，然而漸漸地他心中出現疑問：「入殮所面對的明明是死亡，卻充斥著明顯的作業程序」。他心想：「難道就不能再更有美感一些嗎？」

於是，父親後來融入日本舞蹈的肢體動作，展現莊嚴舉止，以優雅手勢對往生者表達敬意，執行不轉向家屬的單向處置等，追求儀式感，使入殮進階昇華。據說父親會被選為電影《送行者》的技術指導，便是因為他這種對美的堅持，吸引製作團隊的注意。另外，這項工作在那之前俗稱「土公仔」（譯註：日文為「納棺夫」、「納棺屋」），據說從父親那一代之後才改稱為「禮儀師」（「納棺師」）。

此外，父親還組織法人，整合當時大多以自由業者身分工作的禮儀師，並設立派遣公司，安排人力前往禮儀公司（我還在札幌讀大學時，便到父親公司實習，並且畢業後在此工作數年）。

父親大力將公司從北海道擴展至沖繩。所以，若說現行的入殮風格遍佈整個日本，此言一點也不為過。

這樣的父親，果然和普通的「爸爸」不太一樣。

父親永遠是一身黑色西裝，就連國小學校活動，他也同樣穿著黑色西裝出席。即使全家一起出門，無線電一響，一定是所有人一齊奔向醫院，父親一人消失在太平間，其他家庭成員在車中等待，數十分鐘後，才見他信步歸來。他就是一個如此奇特的父親。還有，我們在客廳用餐時，學徒們棉被一鋪，就各自練習入殮程序的景色，也是習以為常。

但不可思議的是，我並不覺得排斥，特別是我在國中二年級親眼見識父親為曾祖母進行入殮儀式後，從此變得十分尊敬父親。當時我純粹感到驕傲，認為「老爸好有男子氣概，帥斃了」。

為了追隨父親帥氣的背影，我決定踏入這個行業。「再也沒有比這工作更能獲得他人感激」父親的一席話，也帶給我很大的鼓勵。

從大三開始，我便投入現場，實地工作。所以上完課後，前往入殮現場，結束後再趕往足球社團聚餐，幾乎每天都過著這種奇妙的大學生活。不過，我個人覺得，我會決定畢業後繼續走這一行，是一件極其自然的發展。

順帶一提，為什麼外公能夠「碰巧」成功舉薦父親？那是因為母親娘家的事業亦與死亡有關。外公成立了一間公司，負責供養及整理死者私用棉被或神龕等遺物，部分親戚——包含舅舅在內——亦從事禮儀師工作。所以，於業務上與遠山老師有所聯繫。

母親在家中一直看著父親弟子練習入殮的光景，所以對於入殮的「眼光」相當精準。不但如此，母親可能是我所認識的人當中最嚴格的一位。其實，對我來說，在母親面前練習依舊是最緊張的一刻，獲得母親讚揚，我還會不自覺鬆口氣。

誠如以上，我算是出生自「禮儀師世家」（雖然我不太確定這種表達是否恰當），在一個理所當然有「死亡」存在的環境下成長。

優秀禮儀師的條件

然而，我離開了父親創辦的公司。原因就如前文所述，自行獨立是為了創設禮儀師培育學校——送行者學院。

截至二〇二〇年十月，共有二百位學生自「送行者學院」畢業。他們在此學習入殮的意義、莊嚴舉止、遺體處理、禮儀、宗教學、支援喪慟人士的喪慟協助（喪慟關懷）等相關的應有知識。從最新技術到生死觀的重要性，送行者學院已經成為一個傳授禮儀師各種必備技術及知識的重要場所。

在日本，禮儀師原本沒有官方資格，也沒有正規規定，更沒有所謂的教科書，是一門「看師傅手法學習」，帶有強烈工匠氣息的職業。

幸虧我從小就有機會觀摩身為禮儀師的父親指導弟子的模樣，也有人以遊戲方式教我入殮（以前常跟哥哥玩「禮儀師的扮家家酒」）。

再加上就讀大學期間，我便已進入殮現場工作，因而累積了技術及經驗，但心中總覺得這種「師徒傳承的育成方式」很不合理，是這門行業應該要克服的課題。

因為，禮儀師明明是在往生者及其家屬一生一次的重要場合中陪他們一同度過的人，卻可能因入殮人員的不同，而在「送行品質」上出現差異？！說實話，人員素質有好有壞，是何等的失敬。

不論我自己再如何精益求精，能夠入殮的遺體數量終究有限。如此，無法提高業界整體水準。

但是，如果能培育優秀的禮儀師，就能增加圓滿的告別；若能增加圓滿告別，好好道別後因而改變生存之道的人理應也會有所增加。如此一來，社會也有可能因而轉變。

這樣的想法，讓我在獨立後的二〇一三年創立了這所「送行者學院」。

那麼，我希望培育的「優秀禮儀師」，應具備哪些條件？

我認為必須是「誠心」、「技術」、「溝通」三項均衡的人——這也是我們在學院課程中著重的重點。

首先是「誠心」。每一次的入殮都必須誠心誠意投入，陪伴往生者及其家屬。禮儀師如果無法做到這一點，技術再高，也沒有資格待在現場。如果一個禮儀師只是像例行公事一般動手操作，不論是面對何種死亡，都提供一成不變的告別式，我相信應該不會有人想把珍愛之人的最後人生大事託付予他。

接著是「技術」。一個禮儀師無論再有誠心，技術不成熟，對家屬來說都稱不上是優秀。唯有家屬能夠評論入殮好壞。就算禮儀師本人自認誠心誠意投入，但在他人眼裡看來粗魯，或是感受不到對往生者的尊重，那就只是一種自以為是。

舉例來說，在入殮過程中移動往生者手部時，禮儀師會有一個查看往生者臉色的視線動作。透過這個動作，可以傳達「我們關心是否弄痛他」的意念。然而，如果沒有這種眼神關注，看起來就只像是在「工作」。

用精準的動作以表現莊嚴美感，不僅是為了提高儀式感，也是對往生者表達尊重的一種方式。

再來是「溝通」，這正是「未來禮儀師」特有的要項。

舉行喪禮時，自然少不了溝通，然而今後只辦理入殮便直接前往火化場的例子大概會越來越多。屆時，更需要禮儀師能夠在短時間內提供家屬特有風格的告別式。透過溝通，請家屬描述往生者生平、改善氣氛，時而藉由主動深入交談等方法，來創造「空間」的重要性勢必會與日俱增。

禮儀師不光是以工匠手法展現雅致的入殮，還必須具備與家屬溝通的能力，為他們打造更好的「送行空間」。

除了「誠心」、「技術」、「溝通」，還有一個不可欠缺的素質，那便是要有強烈的上進心及「成為一名更棒的禮儀師」的決心。心懷「自己還差得遠」的謙遜，可說是這項工作的至要關鍵。

因為，即使我們經歷成千上萬次的入殮，送往生者啟程，我們也不可能完全理解死亡。死亡雖然一定會到來，但同時也是死前絕對不可能體驗的經驗。毫無疑問的，永遠不會有「我懂」的那一日到來。

技術及知識也一樣。例如，當你試圖學習人體相關知識時，會發現學無止盡，也沒有任何一個妝容能稱之為「完美」。

全力思考，持續鑽研，在每一個當下提供自己暫定或最好的解決方案，不斷進化。

我們只能如此，一步一腳印，朝向優秀禮儀師的目標邁進。

喪慟關懷過程中應留意的三階段

學院所教授的一切都是不可或缺的重點，不過其中最重要一門領域是「喪慟關懷」（grief care）（在學院中稱為「喪慟支援」〔grief support〕）。這個名詞在前文中曾多次出現，是一個非常重要的概念，請容我詳細解說。

英文的「grief」，照字面意思是生離死別所帶來的深沉哀痛及悲嘆，亦指失去至親時產生的生理或心理上的變化。

喪慟關懷，旨在支援這些沉浸於悲傷的人。喪慟雖非肉眼可見，但如果置之不理，一定會積累在家屬或親近之人的身上。不正視內心的傷痛，執意勉強回歸原本的生活，反而會對身心產生各種不良影響。

其實，我們禮儀師在和家屬接觸時，始終專注在「喪慟關懷」的課題。從第一章談論初步護理及遺體美容的重要性，到符合往生者風格的喪禮，這些可以說全是為了提供對家屬的喪慟關懷。我們時時刻刻無不在思考，家屬正處於後述列舉喪慟關懷三階段中的哪一個階段？該如何引導他們前往下一個階段？

談及喪慟關懷，不可不提同樣在「送行者學院」中授課的橋爪謙一郎老師。

橋爪老師在美國大學學習喪葬儀式，更取得了喪慟關懷碩士學位及遺體保存技術（embalming，遺體的修復及防腐處理）資格，是該領域首要人物。橋爪老師返回日本後，為了推廣圓滿告別，參與了各種活動，其中包括培育遺體保存技術及喪慟支援人材。我自己也從橋爪老師身上學到許多知識及經驗分享，是個人重要的恩師之一。

「禮儀師不僅是舉行儀式，還必須修復在世者心靈。」聽完我的理念後，橋爪老師同意在學院任教。

承蒙橋爪老師教導，並經過自我的融會貫通後，我強烈認為「喪慟關懷」分三階段：①接受喪慟；②回顧並與他人共享回憶；③創造機會，尋找新的自己。

禮儀師特別專注在第一項的「接受」階段。無法接受「重要之人已不在人世」這個事實的人，既無法和他人共享回憶，也不可能接受他人「想要提供支援」的好意。

舉例來說，二〇一一年發生東日本三一一大地震，至今依舊有兩千多人下落不明。據說，因為找不到遺體，所以家屬沒有「親屬已死」的真實感受。雖然心中非常清楚「那個人已經不在」，卻依舊無法釋懷。如果無法跨越第一階段的「接受」，便無法前進到下一個階段。

一人孤軍奮戰，很難在喪慟中求得心靈上的平衡，回歸原來生活，終究還是需要借助他人的力量。與家人彼此分享回憶也十分重要，而我們禮儀師之所以存在，也是為了提供這方面的協助。

心愛爺爺的「家庭卡拉OK葬禮」

請容我介紹一場個人自認算是達成喪慟關懷的告別儀式。

如果我不怕被人誤會地大膽說一句，我會說那是一場所有在場家屬和我都「快樂送行」

的喪禮。告別，未必只能採取悲傷或沉靜等形式。

老先生是在自家透天厝臥床去世。收到喪禮委託後，在談話中我得知老先生曾經入院，後來應本人及家屬要求，再次返回家中靜養。

於是我向老太太提議：「如果你們有意願，也可以在家中舉行整套入殮喪禮儀式。」老太太一聽，眼睛為之一亮說道：「可以嗎？可以在家裡辦喪禮嗎？」接著又道：「如果能在家裡辦理後事，相信我老伴也一定會很高興。」

特別選在家中舉辦喪禮時，可以「自由」決定喪禮形式，諸如是否聘請誦經師父、行程順序等，皆可自行決定，餐點也能自訂喜愛的店家。「當然，我會負起責任，支援整體流程。」在我如此說明後，家屬開始提出更多要求。

首先，老太太說：「我老伴是一個非常開朗的人，所以靈堂絕對不可以布置得死氣沉沉的。」

於是，他們決定用兩噸卡車搬運隔板，將屬於「日常」的家與「非日常」的空間混合，打造一個明亮、讓人不自覺聯想到結婚典禮的靈堂。

接著是壽衣。「他一直有在練太極拳，所以我想讓他穿上練拳的衣服。」因此入殮時不穿壽衣，改換一般服飾。

然後，令我印象最為深刻的，是老太太接下來的這句話。

「如果不請誦經師父……可以弄成卡拉ＯＫ嗎？」

我被這突如其來的提問嚇了一跳，不覺莞爾答道：「當然沒問題。」最後，他們聘請懂樂器的朋友現場演奏，舉辦一場「大型卡拉ＯＫ喪禮派對」。

此外，人在美國的孫子透過視訊電話中途加入儀式，播放女兒們事先錄製感言的影片……。誠如字面上的意思，辦得宛如派對一樣，準備外燴大家一起享用熱食，共度一場充滿淚水、歡笑的喪禮時光。

大家歡唱往生者生前喜愛的歌曲，家人點播自己的愛歌，酒意正酣時，還邀請我們禮儀師「你們也一起來唱吧」，拉著我們一同加入歌唱行列（不過我們還是盡職地婉拒了眾人勸酒）。每個人的表情是一臉暢快，光彩奪目。

這場告別式，毫無保留地展現了人們的愛情、親情、悲傷與歡樂。

這一家人的凝聚力不但令人印象深刻，也讓我發自內心希望自己也能有像這樣的告別式。

為什麼他們能夠辦出如此溫馨的喪禮？往生者又沒有如此交代遺言，為何他們還能完成這場打破成規的儀式？

我想那是因為家屬非常了解「爺爺生前的為人」。當然除了他開朗的個性以外，他們還清楚知道他喜歡什麼樣的場面，什麼樣的事會讓他高興。正因如此，才會有如此獨一無二的儀式誕生。

我認為這正是老爺爺備受家人珍愛的證據，同時也是他深愛家人的證明。因為老太太及家屬深愛著往生者，才會希望把儀式設計成心愛之人喜歡的樣子。

因為一心一意「想讓他開心」，同時也確信「他一定會非常滿意這場喪禮」，所以才會提出這麼多的要求。

實際上，我真切地感受到老太太對老先生的一片真心，當真是片刻不離地陪伴在遺體身旁。

「爺爺走了，我也活不下去了。」

老太太不斷重複著這句話。在我重新補妝時，她也會一直對著老先生說話。即使請她稍微離開片刻，過不了多久便又折返，牽起老先生的手，傾吐心中的思念：「我好寂寞」。看著老太太對著靈柩不停傾訴「我愛你」直到最後的最後一刻，那深情款款的身影，令人為之動容。

我也看過照片，其中有多張兩人合照。我記得自己當時還因此獲得滿滿的幸福感，心想「八十多歲，算算結婚大概也有五十多年，兩人感情還這麼好，能夠長久相親相愛。」

如何化解悲傷情懷？

在這場喪禮上，我在相對較長的相處過程中發現，老太太的喪慟正一點一點地化解，情緒也逐漸好轉。

剛開始，老太太沉浸在深沉的哀痛之中，但隨著觸摸冰冷的身體，與躺臥在眼前的遺體共度一段時光後，她接受了死亡。

她在和家人或我討論要如何辦理喪禮的那段期間，也熱烈參與了往事追憶，與眾人共享回憶。

「我心裡空蕩蕩的，覺得好孤單」坦承自己的悲傷。

漸漸的，「好孤單」這句話，變成了「謝謝你」。

在和禮儀師一同打造「感覺丈夫會喜歡的喪禮」的過程中，她慢慢接受了「從今以後，我必須過著沒有這個人在的生活」的事實。

然後用卡拉OK送丈夫啟程，找回臉上的笑容。

我認為，這絕對不是一個可以在一小時的入殮中看得到的變化，也不是在一般尋常喪禮上會出現的轉變。

其實，當初在喪禮事業剛起步時，我收到不少前輩建議：「不要太過執著，舉行一般的喪禮儀式就好。」儘管我相信自己所選的道路，但如果說我對當時才二十多歲的自己從來不曾自我懷疑過，那是騙人的。

所以在那個時候，當我看到大家的表情或內心轉變，我釋懷了。——原來喪禮可以有這樣的形式，我誠摯希望向世界推廣這種喪禮。在這層意義上，那也是一個令我印象深刻的喪葬儀式。

雖說如此……我還不能自信滿滿地說出，當我死去的時候，內人會這般傷心難過。另外，我究竟會得到什麼樣的「原創葬禮」？我對待家人親戚，是否那般敞開心扉，深愛著他們並為他們所愛？這些，我依舊無從想像。這大概會是我未來人生方向的指南之一。

如何陪伴深沉哀痛？

當然，告別的形式，不全都是像老先生一樣的壽終正寢，也有突如其來的突然告別。

那是一名自殺男性的入殮儀式。他同時也是三個孩子的父親——兩個國中女生，和一個八歲左右的小男孩。

家中支柱突然自殺身亡，似乎還有經濟上的困擾，使得儀式會場凝聚著濃厚的沉重氣氛。在這種情況下，禮儀師很難專注在喪慟關懷，也不見得能和對方取得溝通。

但是，如果我因此小心翼翼地畏縮不前——就像我曾經對一個失去雙親的高中生所採取的態度那樣——什麼都不做，白白結束這場儀式，很有可能會失去喪慟關懷的機會。或許，他們會就此失去接受死亡、分享回憶、家人相互扶持的機會。

於是，我向獨自一人呆呆站著的最小兒子搭話。

「爸爸以前常常陪你玩嗎？」

小男孩一聽，點頭小聲回道：

「……爸爸常常跟我玩接球遊戲。」

「接球遊戲！」就在我正欲接話之前，兩位姊姊先主動加入了我們的對話。

「是喔，我怎麼不知道。」

接著，小男孩臉上浮起微微得意的表情，轉身面向姊姊。

「對啊，我跟爸爸兩個人一起去某某公園玩的。」

「爸爸都沒有陪我們在外面玩過。」

接下來，話題轉換成「爸爸跟我（們）如此這般」，我則在一旁靜靜聆聽，現場氣氛也變得比先前融洽，三人開始不時露出笑容。

在姊弟面前展現些許不同面貌的父親。雖然有所不同，但在我看來，他們正彼此緬懷各自心中占有重要地位的父親身影。

那時我心想：「幸好我有跟小男孩說話」幸好，當下能夠在大家一起送行的場合，引導他們憶起關於往生者的快樂回憶。我認為，與其在一片沉默中各自沉浸於悲傷之中，家屬彼此分享往生者的回憶，反而創造了一個相互扶持的機會。

當然，失去的感受並不會當場昇華，也不是每次都能順利和家人取得溝通。搭了話對方卻毫無反應，不點頭也不搖頭，得不到絲毫回應也是常有的事。

但是，如果你問我：「那算不算失敗？」，我也不知道。因為，多年後本人突然回想起當年禮儀師的搭話或提問，或許會是他整理思緒的機會。

相反的，就算當下我認為「幸好」的事，是否真的是「好事」？我也不確定。那只有未來的家屬本人才知道。就這層意義上，有時我會很羨慕餐廳這種能夠直接得到「好吃！」反應回饋的工作。

儘管如此，為了讓此次的死亡對家屬人生有所意義，我們也只能深入思考什麼才真的對他們有益。我希望他們在這場告別中有所收穫，並祈禱這個收穫得以延續到未來。

無人得以挖出的回憶，未曾宣洩的情感，無法正視的感受。

當然我們也可以把這些全部封鎖起來，淡然地舉行喪禮。然而，當在世者做出這樣的抉擇時，失落感有時反而會糾纏不休，進而影響身心。

為了避免這種情況發生，禮儀師協助創建一個空間，讓在世者可以打開內心匣子，與大家共有，勇敢面對失去。

願所愛之人的死亡，能夠成為在世者全新生活的開始。正因為禮儀師背負著如此重責，所以我們的社會需要「優秀的禮儀師」。

把後悔轉化成憤怒

喪慟是面對失去時產生的情感，告別中的「後悔」也會給在世者帶來巨大壓力。舉例來說，如果是因病離世，面對治療方向或反覆住院出院的抉擇，在世者可能會感到迷惘「這個選擇是對的嗎？」，而在永遠得不到答案的情況下，面對逝者的死亡。就算安置在護理機構，也會自我質疑：「選這間機構是對的嗎？」、「是不是該親自照護？」而倍感後悔。

至今我協助了許多場告別，個人的感想是，可以了無遺憾送走往生者的家屬實在少之又少，大家或多或少都會有一些「如果我有那樣做就好了」的想法。我想這也是沒有辦法的事。這些人當中，偶爾會有少數人將他們的後悔轉化成「憤怒」，宣洩在我們身上，像是「喪禮中端出的菜色難吃至極」，或是我們已經確實說明過的事情，強辯說他「沒聽過」。這些行為，一般可能會以為蠻不講理。

某一家人長輩於北海道旅遊期間不幸過世，因而直接在當地進行入殮處理。

那是老太太與兒孫一同出遊的三人小旅行。喪主不論談論什麼，都處於一種「憎惡北海道」的情緒，念道：「早知道就不來北海道這鬼地方了」，不肯與身為道民的我對視，也無意與我溝通。

然而後來我在儀式過程中得知，其實老太太對旅行一事興致缺缺，兒子半強迫地帶她出遊。我想，他心中一定十分後悔：「如果自己當初沒有說要旅行的話……」

但是，在自己小孩面前，他拉不下臉說實話，所以才將無處宣洩的懊悔心情，發洩在我這個當地人身上。

雖然不得不承受他的怒氣，但我並不認為以這種形式來表達悲傷或後悔這類情緒是件壞事。為了不讓精神被壓力擊潰，無論是發怒或大哭，重點在於情緒釋放。如果他可以透過攻擊我們來抒發情緒，那樣就好。

「丈夫死了，我卻不傷心」

另一方面，有的人會因為不明所以或哭不出來，無法妥善處理情緒而感到困惑。有時，也會有家屬直接找我們商量，難以啟齒地道出自己不覺得難過。但是，這絕對不是因為本人天性冷淡或無情。

大家必須認清的最大前提是，人在告別中產生的情緒並不僅限於「悲傷」。有些人會苦苦堅持「應該要悲傷才對」的想法，但其實人有百百種的狀況及人生，沒有必要對自己真實的感受感到愧疚。

因為從現實面來看，人在死亡前的這段過程中，並不總是會留下美好回憶。

家人長期患病與照護，以及全家伴隨而來的痛苦。雖然內心明白「生病的本人不是故意要找自己麻煩」，但就算因此感到強烈的憎恨或憤怒，或對其死亡感到寬慰，也沒什麼好大驚小怪的。

再次重申，死亡，並不總是與悲傷畫上等號。有各種情緒，乃人之常情。

我清楚記得某位八十多歲往生者居家入殮時的情形。沒有守靈，不辦告別式，僅舉行火葬。

喪主是一名不到七十五歲的遺孀。根據她的說法，自己在勉強度日的生活中，照護先生將近二十年。

「我呢，一點都不覺得難過。這樣很奇怪嗎？」

在我們談話之中，她有些難以啟齒地說出自己的感覺。

「說實話……說不定我還鬆了一口氣。我這樣是不是很沒有人性？」

我聽說在那之前，老太太的生活重心都擺在先生的照護上。她才剛結束看護生活不久，從她口中提出這個問題，有著沉重的分量。

這是一個很難回答的問題。但是，我看老太太的表情，覺得她心中似乎已經有了答案。

「現下您自己覺得呢？是、還是不是？」

經我如此一問，她略為苦惱地思索了一番後答道。

「我跟先生兩人相依為命，現在他走了，我卻整個人感到解脫，甚至想舉杯慶祝，或許是這樣的心情，讓我覺得愧疚。」

聽完，我回答如下。

「長久以來您都是靠自己一人努力支撐過來，現在覺得解脫，那是您真實的感受，就算未來感到悲傷，我認為那也是真的。同時擁有這兩種心情，我個人覺得一點都不奇怪。」

老太太像是在細細咀嚼我的話語一般，喃喃說道：「是嗎……？說的也是，這樣就好……」雖然她看上去還不太確定自己的心情，但似乎也慢慢在心中給予自我肯定。

上述談話之後，進入入殮程序。這段期間，只有我和老太太兩人。那時我向她建議：「請全權交由我來處理。」

「我會盡全力完成入殮儀式。所以，在這段期間，可否請您待在旁邊，什麼都不做，專心想著您先生就好？」

正因為沒有守靈，沒有喪禮，只有簡單的入殮，所以我希望起碼在這場儀式中，老太太能專心在自己的感受和與先生的回憶當中。況且，至今她都是獨自一人完成老先生的身體清潔與更衣。

我盡可能恭敬且高雅地進行入殮儀式。老太太剛開始有些心不在焉地望著遺體變得愈來愈清爽乾淨，然而當儀式進行到一半時，她開始流下眼淚。

是悲傷來襲嗎？我也不清楚。

而且，就算她不覺悲傷，毫無疑問地，兩人曾擁有共同走過的歷史。最後的二十年，先生雖然處於受人照護的狀態，但他是什麼樣的一個人，走過什麼樣的人生，其中應該有身為妻子才知道的故事。

最後梳整好髮型，眼前這位男性，體格健壯，外型俐落。我不禁稱讚：「伯父好帥氣啊」，老太太一臉高興地答道：「是啊，他其實很帥的。」看上去，神色似乎爽朗了一些。

重點不在哭泣，而是接受事實

老先生所舉行的「火葬式」，亦稱荼毗式或直葬。火葬式不會舉行守靈或告別式，僅進行入殮處理，便送往火化場，最後撿骨。

當家屬成員較少或偏高齡、沒有預算、或往生者要求「簡葬」時，通常會選擇火葬式。

然而，死亡後到最後火化之間的時間相當短暫，我個人對此的感受是，家屬有可能無法確實面對自己的情感，或可能避而遠之，不去面對。

正因為如此，即便是火葬式，我也會竭力提供完成度高又雅致的入殮儀式，或與家屬交談，或安排時間，讓他們得以追憶往生者。

所幸，我們從行前會議到火化為止，基本上都會派一名禮儀師隨行，所以我們會與往生者及家屬共度一到兩天。在這段時間內，我們會盡可能提供喪慟關懷，我希望至少可以協助家屬進入「表現情感」的階段。

當然，在完整的喪禮上，亦可能會發生這類「無法面對情感」的問題。

例如，有不少人為了「克盡職責」，完成身為喪主應盡的事務，而在喪禮期間賣力地四處招呼往生者的同事或朋友，應對守靈餐會上的人際關係，一回神才發現喪禮已經結束。

所以，我會刻意在喪禮某個階段營造一個空間或時間，盡可能地讓每一個家屬都能安心釋放當下的情緒——想哭的人可以接受自己「我哭也沒關係」，想笑的人也能接納自己「我笑也沒關係」。

我們會留意各個細節，諸如提問一些問題，主動攀談，調整燈光，挑選配樂（在闔起棺蓋的最後告別時間，選用略為柔和的曲風等），著實確保家人的專屬時間，但求不讓家屬漠視自己的感受。

這麼做，絕對不是為了要「逼哭誰」。不論是正面也好，負面也罷，感受自己當下的情緒，表現當下的反應。

更進一步說，我認為就算沒有情緒也無所謂，只要內心有所感觸或領會便足矣。只要本人覺得「自己有送他一程」，並且接納這場告別，這樣就好。

總之，察覺、覺知自己的情感或感受，是讓自己妥協、接納至親之死不可欠缺的重要過程。

「媽，我好想再跟妳撒嬌」

每當提到「情感表現」，我就會回想起某一場入殮。我認為「身為一名專業人士，禮儀師不該哭泣」，但在那場入殮，我第一次克制不住流淚。

那是一家五口的訣別場面，發生在我離開前一間公司之前，以禮儀師身分被外派到自家住宅。

往生者是一名病逝的四十多歲女性，出席人員有她的先生和三個小孩。身穿高領制服的長子就讀高中，穿水手制服的長女讀國中，另一個調皮小男孩則還在讀國小。

他們舉行居家入殮。住家是一棟獨棟平房，既不寬敞，也不新穎，但散發著「一家和樂融融」的溫馨氣息。

入殮在只有家屬和我參與之中舉行。三個孩子長幼有序地並肩端坐，單看他們的身影，讓人不禁悲從中來。然而當下的氣氛，卻讓人十分一言難盡……總之非常平靜。

爸爸沒有落淚，上頭兩個長男長女也只是安靜坐著，動也不動的。讀小學的小男孩剛開始似乎還搞不太清楚狀況，吵吵鬧鬧，但等到入殮儀式正式開始後，他便乖乖地正襟危坐。

一家子沒有人露出任何情緒。沒有心魂不定，一臉處之泰然。「他們不要緊吧？」我內心忐忑地開始入殮作業。

只是，等到換上壽衣，結束化妝，最後要將遺體入棺時，這一家人的情緒波動出現了變化。我感受到他們開始驚慌失措。

這時，我才恍然大悟。往生者長期居家養病，即使變成一具遺體，也只是躺在家中的床鋪上，所以儘管是入殮儀式，看上去就像是「日常生活」的延續。

然而，一旦來到入棺階段，他們才被迫面對擺在眼前的「非日常」，感受自己終於要失去心愛之人的現實衝擊。

儘管如此，我還是必須和家屬一起將往生者安置到靈柩內。大家抓著鋪在往生者身下的床單，協力抬起放置於靈柩中。媽媽正躺在木箱裡。

看到這一幕，大女兒彷彿心弦斷了似地痛哭起來，哭喊著「媽媽！」的聲音，刺破家中原本的寧靜，迴盪在屋頂、地板與樑柱之間。

看著妹妹難過的樣子，哥哥再也止不住淚水，一顆顆豆大的淚珠滾落臉龐。國小生的么子不知該如何是好：「哥哥跟姊姊哭了。」他們的父親緊緊環抱孩子們的肩膀，開始用輕柔的語調，對安靜躺臥的妻子說話。

我已經不記得當時為什麼會做出那樣的決定，但我當下下定決心，替他們一家人安排一段「告別時間」。那是所謂執行手冊上沒有的行為，也不是原本待四十分鐘至一小時便退場的禮儀師的分內工作。

然而，我依舊想為這一家人盡自己所能做的一切。這大概是出自我看他們才剛開始釋放情緒，抒發的時間遠遠不夠而做出的判斷。

「從現在開始，在闔上棺蓋以前，請你們花一點時間一起度過這段全家共聚的最後時光。」

我毫不遲疑地表達我的想法，接著對孩子們說。

「明天前往火化場，將會是最後的告別，我不確定到時會有多少時間可以讓各位說再見。能夠這麼近距離跟媽媽好好說話，可能只有現在。所以，如果你們有任何話想對媽媽說，請把握眼前這個機會。」

語畢，國中生的女兒率先傳達她的思念。

「媽……我其實一直、一直好想跟妳撒嬌……」

臉上佈滿淚痕，不停大聲哭喊：「媽——！媽——！」長久以來，她一定一直在忍耐，不想給容易生病的母親添加負擔，要求自己必須獨立堅強。

接著是高中生的長子。他沉默了一會，然後對在場的父親、兄弟姊妹和我說：「我想和媽媽兩人獨處一下。」我們順著他的意思離開房間。他闔起拉門，與母親兩人獨處一室。

我和其他三位家屬待在隔壁房間，耳邊傳來長子細微的說話聲。我猜他或許不想被人聽到，所以刻意和喪主談一些事務上的事情……

「媽！！！」

突然，一聲悲鳴響徹家中。

如此痛徹心扉，彷彿被撕裂般，支離破碎的嘶吼聲。大女兒聽到後，也跟著放聲大哭。

當下，我再也抑制不住。身為專業人士，我必須冷靜……之類的想法全被拋諸腦後。我非常訝異自己眼中竟然泛著淚水。

然而即使在這樣的情況下，家中的大家長還是強忍悲痛，沒有流下一滴眼淚，一味地輕撫孩子們的背後安撫，自己則緊繃著一張臉，堅強隱忍。

看著他的表情，我不禁深刻地體悟到，自己多麼希望能和他們有更多的交流，同時也想了解更多往生者的想法。

他們的內心裡一定還存在著光靠家人也無法宣洩的壓抑情感，如果能夠解開心結，他們就能體驗更圓滿的告別時刻了，不是嗎？提供每個家庭他們所需要的時間及空間是非常重要的，不是嗎？我們需要這段告別時刻，不是嗎？

這場入殮也加深了我對獨立創業的決心。

順帶一提，第二章開頭我曾提到自己會很稀鬆平常地與往生者交談，我想這個習慣或許是始於這位母親的入殮儀式。因為，在不知不覺間，我對她說了許多話：「您一定很想再多陪陪女兒，說些體己話吧」，「您一定想再多看看孩子們的成長吧……真叫人不甘心……」

情感無法為他人揣摩

本章的最後，有一件事我希望各位能夠牢記在心。當一個人失去重要的人，他的悲傷及情感的表達，會有成千上萬種方式。

有的人會變得食不下咽，有的人會暴飲暴食。

有的人會完全無法入睡，有的人會無法保持清醒而沉沉嗜睡。

有的人會極度消沉，有的人會變得精神奕奕。

一般人往往認為「哭泣」、「吃不下飯」、「睡不著」、「情緒低落」才是「正常的」，但是，相反類型的人卻會表現出讓人難以理解的反應。他們會變得精神抖擻、食慾大增、嗜睡、排滿各種活動，因而惹來旁人誤解：「這反應也太奇怪了」，「冷血動物」，「不是在高興人死了吧」，投以責備的辱罵和眼光，但其實有不少家屬為此自責，痛苦不堪。此外也經常聽到容易健忘、注意力難以集中等症狀。

縱然不是淺顯易懂的「悲傷反應」或言行，但他們依舊受了傷，承受著某種痛苦。

這類型的情緒反應，不僅是經歷失去的本人需要知道，我還希望能有更多人了解「人會有不同反應」（我會向出席喪禮的親友分發字條，說明這種「一個人失去至親時可能會出現的症狀」）。

正如死亡對所有人來說都是第一次體驗一樣，「失去某人」的經驗也是如此。無論個人在當下產生了何種情緒變化（或是沒有變化），都請不要因此責備自己。

面對死亡時的情感，沒有正確答案。

那是你與往生者之間的關係及狀況等諸多因素交織所產生的當下情緒反應，所以，那就是你的「正確答案」。

最終章

未來的告別形式

重要的人「在」與「不在」之間

大家都在的時候，沉默不語，等到守靈結束剩獨自一人時，才挨近太太身旁，一邊喝酒，一邊對著遺體緩緩說出心聲。又或者，寫了一封信帶到殯儀館，對著遺體朗誦。

……以上這些描述，你是否覺得極為寫實又自然？腦中是否刻畫某人的父親或丈夫，依傍在已逝伴侶身旁的情景？抑或想像如果是自己，信中會寫下哪些話語？

但仔細想想，丈夫傾訴的情話及感謝，抑或在世者的書信，到底是「誰在聆聽」？

我離開第一間公司後，前往台灣、韓國等亞洲諸國示範入殮演習，參與禮儀師培訓活動。在這當中，我時常感受到，包含日本人在內的亞洲人，前提概念上大多擁有「靈魂」的觀念。就算沒有強烈的信仰，也相信靈魂的存在。不，就算不到「相信」的程度，也會有所「感應」。

遺體是已逝者的肉體，換言之，其中已不存在任何生命。從醫學角度來看，它不可能會思考，也不可能有感覺。

然而，我在工作時接觸的家屬——包含身為禮儀師的自己在內——大家都把遺體視為「人」來看待。理所當然地，沒有人會把遺體當作是「物品」，而是將其視為「一個人」，並對其懷有待人應有的敬意。

換言之，大家都認為眼前的遺體之中，還存有靈魂或思想。雖然明白他已經死亡，但依舊相信「他的意識或情感還留在體內」，而且大多會無意識地表現出這種態度。

因為他還有意識、情感，所以一定「聽得見」。所以，大家才會對著已逝者說話，朗讀書信。——遺體是一種「可以接收人們意思傳達的存在」。

這種「存在」、也就是靈魂，在經過火化失去實質肉體後，會讓人以為似乎存在於骸骨上，再將骸骨埋進墓塚，彷彿又存在於墓碑之中。掃墓時大家雙手合十對著墓碑說話的身影，相信也不難想像。

但不管怎麼說，遺體果然別具意義。

不論時代再怎樣轉變，社會如何進步，我想我們這種對死者的感受一定永恆不變。因為，重要的人「在」與「不在」之間，存在著一具遺體。

祭弔時間的必要性

日本的高齡化以驚人速度發展，也因此每年的死亡人數明顯攀升。

正如「多死社會」一詞所顯示，根據日本厚生勞働省（譯註：相當於其他國家衛生部、福利部及勞動部的綜合體）估計，二〇〇五年的死亡人數為一〇八萬人，預計二〇四〇年將達到一六八萬人。在此背景下，未來的臨終醫療該如何發展？喪禮該如何處理？在各方面有諸多討論。

大家或許以為，死者增加有益於禮儀公司的營運。然而，事情其實沒有那麼簡單。

首先，喪禮簡化無疑是發展中的未來趨勢。

高齡化進展，意味著死者年齡也逐步往高齡化發展。當然，往生者的熟人和朋友，也會相對的以年長者居多。就算舉行喪禮，能夠到場祭弔的人並不多。此外，有不少人和當地區域的社區團體關係疏遠，而且通知訃聞的對象只有少數幾人的情況會愈來愈普遍。

同時，現代社會——尤其在都會區——越來越多人認為沒有請人誦經或取法號的必要。

今後，以往標準規格的喪禮，也就是在莊嚴氣派的會場上，聘請師父誦經，透過報紙、電話、社群網路等管道，通知親朋好友往生者過世消息而到場祭弔的傳統喪禮，極有可能會愈來愈罕見（近幾年，婚禮也因為追求「兩人的自我風格」而變得愈發隨興，舉行公證儀式並省去豪華婚宴的新人不斷增加，都是相同趨勢）。

在此局勢下，估計前文提及的「火葬式」，或是根據喪家意願僅通知特定人物的「家族葬禮」未來只會有增無減。

但是我認為，就算是覺得自己「不需要那些拘泥形式的儀式」的人，也還是需要某種儀式。

第一章開頭曾介紹，有觀眾因為觀看電視節目《專業人士的工作風格》而體悟「以前覺得不需要的儀式，對在世者來說，其實有其存在的必要」。誠如這句話所提示，哪怕時間短暫，我也由衷希望人們能夠在經歷生死離別這個超乎日常的時空後，再次回歸到正常生活。

這聽起來像是一種出自個人立場的立場性言論嗎？其實不然。

接受送行的往生者以及為其送行的在世者，兩者共處在同一個空間與時間之中。在世者在「遺體中殘留有靈魂的狀態」下面對死者，表達心中的感激，確實接受離別，送死者遠行。

我相信，對雙方來說，這都是不容取代的寶貴時間。一個不具備這類時間的社會，純粹就是不健全。不面對死亡，輕慢不以為意，不就等同輕忽自己的人生及生存之道嗎？

接受往生者永遠離開人世的事實，從他的死亡中學習成長，思索各種人生問題：「從今以後自己該如何活下去？」，「希望別人如何記住自己？」，「維持現有的生活方式是否恰當？」。

祭弔時間或面對死亡的時間，不分世代，不問屬性，意義都在於「讓人活下去」。

我們的社會不僅必須要保存如此珍貴的時間，還應該要極力推廣。

話雖如此，但對我來說，入殮只是一種手段——一種協助家屬懷抱感恩之心，坦然為往生者送行的手段，也是一種讓這場訣別對未來有所助益的手段。我會主張「辦儀式比較好」

的原因，是因為現階段能夠實現這個目的的，只有入殮和喪禮。

所以，如果將來出現新儀式可以滿足這些要素，或是有新發明可以取而代之，就沒有必要拘泥在入殮這個形式。因為儀式之存在，為的是「人」，而不在形式本身。

提前「預約」入殮或喪禮的現代人

現今社會，有多少人會定期舉辦法事？

日本法事屬於佛教儀式，分別在七七四十九日、去世滿周年的一周忌、去世滿兩年的三回忌、第六年的七回忌、第十二年的十三回忌舉行，一直接續到第三十二年的三十三回忌。家人親戚及往生者的摯友會在自家或寺院集合，或請誦經師父念經祭拜，或大家一起聚餐。

其實，一般認為，法事原本背負著前篇文章中所提及的「喪慟關懷」功能。

在法事上，請人誦經，聽佛法，出席者彼此閒聊或商談，親戚相互分享往生者的種種回憶，好不熱絡。法事既是心靈諮商的地方，也是喪慟關懷的場所，讓自己不再獨自一人承擔悲傷和絕望的重要場合。個人以為這是祖先的智慧所在。

遺憾的是，我聽說最近舉行法事的人越來越少。可能是要求親戚集會有些麻煩，也可能是越來越多的人原本就和寺院關係疏遠。

但我堅信，「透過法事聯繫家人」正是當今極度「個人化」社會所需要的制度之一。所以我最近在思考，身為一名禮儀師，自己能否也在這方面提供協助？能否與各個家庭在人生這條道路上——而非入殮——建立關係？我希望能在包含法事在內的悠長時間軸上，提供所謂後續關懷的服務。這部分目前還在構思當中。

現在我也不時會相繼替同一家族的祖父、祖母、他們的親妹舉行入殮或喪禮，他們多半是在生前和我「預定」行程。雖然我們討論的是一個傷感時刻的事情，但是聽到他們說：「輪到我的時候也要麻煩你囉木村先生，麻煩你送我最後一程」，還是會不自覺高興，感激他們願意將這麼重要的最後一刻交付予我。

而且，「輪到我的時候就拜託你了」如此交代遺囑的諸位，他們口中的「輪到我的時候」

一定會到來。送本人啟程的時刻，終究會來臨。

和他們認識越久，建立越深厚的關係，悲傷也就越深刻。儘管如此，我依舊會懷著他們託付予我的感恩之心與責任感，提供最圓滿的送行儀式。

在最愛的地方，在最愛的人守護下離去

在「眾多告別形式」中，最近增加一項與護理機構聯繫的項目。在護理機構演示入殮儀式及喪禮，或是在護理機構往生的住民直接於機構中舉行喪禮等情況也越來越普遍。

或許有人會覺得，在高齡者居多的護理機構談論喪禮事宜，未免有些大不敬，如犯大忌。

然而，和護理機構人員接觸，並且經過實地入殮以後，我有了全然不同的觀點。

我認為，人不管幾歲，提早思考自己的「後事」，並與家人分享想法，是一件非常有意義的事。這對個人及社會來說，都有其必要在。既不失禮，也絕非禁忌。

多年前，我有幸在北海道護理機構的失智團屋單位取得演示入殮儀式的機會。剛開始，原本只預定向機構員工展示，後來機構負責人（一個充滿膽識和熱情的人，勇於挑戰本部沒有下達的任務）決定放手一搏，邀請住民及其家屬出席，最後演變成一場大型活動。

然而，對住民及其家屬來說，入殮到底是一件在不遠將來便可能來臨的事。我記得自己相當擔心突然在日常生活中讓他們意識到「死亡」的存在，是否太過冒進，而懷著忐忑不安的心前往會場。

然而，我的這份顧慮完全是杞人憂天。實際鋪上棉被操作，待入殮示範結束後，來到說明會階段，大家比我預想的還要認真，全神貫注，專心聆聽。

其中有一對母女，媽媽是機構住民，大約八十五、六歲，和她六十歲左右的女兒一同出席。

這對松永母女（千代子和明美）對入殮儀式非常感動。儀式結束後，兩人特地過來跟我說：「木村先生，請你務必幫我們處理入殮事宜。」當時，我還不太有接受「預約」的經驗，所以略為吃驚，但我很高興能夠參與此次的演示。

松永母女兩人非常平易近人，個性開朗，和她們聊天相當開心，常常讓人笑開懷。尤其是做女兒的明美，爽朗的個性，可以自在說出在某些關係中可能被視為禁忌的話題：「照理說應該是老媽比我先走一步吧，後事妳想怎麼辦？」或許正因為如此，她們才會提前找我「預約」。

這樣的一對母女，我特意詢問千代子：「您有想過喪禮要辦什麼樣子嗎？」她如此答道。

「不用大費周章跑到殯儀館去辦正式喪禮。像木村先生那樣，好好幫我入殮就夠了。不過呢……我很喜歡這間設施，大家就好像一家人一樣。這裡的員工我都很喜歡，其他一起住在這裡的住民也都是我的好朋友，所以如果可以，我希望能夠在這裡辦。」

與其邀請關係不明的遠親來，更希望在雖然沒有血緣但形同家人的眾多好友守護下啟程——我非常能夠體會她的心情。我回說：「既然如此，那我去詢問負責人是否可行」，對方也很爽快地答應了下來。

後來，我跟松永母女聊了許多，像是最後想要穿什麼樣的衣服？希望誰做什麼事？妝扮要求？希望流程怎麼走？諸如此類的細節。

「我跟你說，我家孫子長得很帥喔。剛剛的示範不是有請員工幫忙化妝、穿分趾鞋襪嗎？我希望像那樣，叫我那些孫子幫我弄。」

千代子一臉愉快的，想像著自己辦理後事時的情景。

另外，她還告訴我自己不在意的部分：「靈柩隨便什麼樣式都可以，用最便宜的就好了。」於是，一個真正量身訂做的告別儀式就此完成。

正因為她看過實際演練，所以可以貼近真實狀況去想像，而我也因此能夠明確地和千代子共享她的理想。

數年後，時間來到二〇一九年，松永千代子去世。

當我抵達現場時，發現千代子的遺體維持在非常良好的狀態。這都要歸功於機構人員確實依照我先前的要求，在住民去世時執行一些前置處理（例如塗抹保濕乳霜等）。

這讓我暫且鬆了一口氣，與此同時明美向我走來。

「木村先生好久不見。媽妳看，木村先生來了喔！真是太好了。」

明美接著說道：「媽，跟妳說，聽說木村先生有上電視耶。如果再早些日子，搞不好媽妳也有機會上電視了呢，真可惜。」看她和以前一樣開朗愛說笑，我不禁安心許多。

過了一會，曾經耳聞的「雖然一年只見幾次面但最喜歡奶奶」的孫子們也陸續到場。雖說是孫子，但也已是年近四十的堂堂男子漢。

「我們平時不在北海道，不能常來看奶奶，一直覺得很過意不去。在這最後時刻，如果有什麼是我們可以做的，請盡管吩咐。」

我心想果真是如傳聞中聽到的孝順孫兒，於是當場指派任務，誰負責穿白色分趾鞋襪，誰穿小腿護套（壽衣套裝的配件之一），所有人一起搬運靈柩等事宜。

千代子的入殮儀式由前文的機構負責人親自主持。他邊哭邊主持的真誠態度，讓我非常感動。其他還有工作人員、一同入住在此的眾多好友，大家聚在一起，一會兒掉淚，一會兒回憶往事，一會兒相視而笑……每個人都在靈柩旁待了很長一段時間。

就在告別儀式即將告一段落時，負責人像是靈光一閃似的，提出了建議。

「要不，大家在靈柩上寫些感言？」

明美也同意：「我相信母親也會很高興。」於是大家用五顏六色的麥克筆在靈柩上寫下感言。

靈柩漸漸被彩色文字填滿，看上去就像學校社團大家輪流寫的留言板。看著大家臉上高興的表情，我由衷認為「這樣的告別形式也好棒」。對不講究靈柩樣式的千代子來說，我相信這一定是最棒的結果。

在最喜歡的地方，身邊圍滿了開朗的家人和形同家人的友人的告別。

我不由得覺得，靈柩中的千代子也一定十分歡喜。

最近，這類喪禮不斷在增加，而且不限於機構。

這種喪禮不只有真正的家人在場，還有一直相伴左右、親如家人的摯友一起送行。不請誦經師父，也不特意叫遠房親戚到場祭弔，而是由一起度過生命最後時光的人們齊手打造告別時刻。

未來，家庭、信仰及社會的型態勢必會不斷轉變。

個人認為，在護理機構等的演示，意義比我原先預期的更為重大。

住在護理機構的住民及其家屬，都因此有機會認真思考如何為長輩辦理後事，或本人想要什麼樣的形式。透過這樣的時間，對每日生活的看法也會有所不同。意識死亡，會讓人更加熱愛當下生命和眼前的人。

實際上我相信，在我和松永母女第一次見面後的這些年裡，她們母女倆一起想像、描繪告別的時光，一定讓自己對生活以及對待彼此的看法都有所改變。

在確定「結束方式」後，說不定讓她們因而思考了要如何度過餘生。又或許，讓她們感受到家人和朋友、或是生活在同一個機構裡的同伴及工作人員，在自己心中比以往更加重要。

但願，如我所想。

唯有人類可以辦到的兩件事

最後，請容我介紹一位對我影響深遠的恩師。

他是真言宗的高僧，同時也是國立癌症中心醫師。

擁有如此特殊經歷的田中雅博醫師，是「臨終看護專家」，我從他身上學到許多。田中醫生於二〇一七年去世，至今他依舊是我最感激的人之一。

田中醫生和夫人協力，在位於栃木縣益子町的寺院院內設立安寧病房（普門院診療所），協助許多人修復心靈。

田中醫生「既是醫師，也是誦經師父」，所以在機構或安寧病房巡房時，也是身穿袈裟。換言之，他同時也是進行所謂靈性照護的臨床宗教師（針對日子所剩不多的病患及其家屬，不問宗教及教派，亦不布道傳教，秉持公共立場，進行專業心靈修復的宗教人士）。

在這裡，對於病患希望如何結束生命這件事，醫生堅持尊重本人——而非家屬——的期望和意願。此外，他從不缺席「癌症患者談心集會」，面對人生中第一次意識到死亡的人、害怕死亡的人、沉陷在悲傷中的人，傾聽他們的心聲，並且耐心「等待」患者接受死亡的那一刻。——這些都是他十分重視的理念。

我於二〇一六年拜訪診療所的安寧病房。其實，當時醫生本人因罹患胰臟癌末期，被宣告只剩數月餘命。

然而，田中醫生看上去完全不像是一名癌症末期患者，神色十分平靜，似乎已經接受即將死亡的事實。

「因為，我從至今在安寧病房中照護的眾多病患身上，學到了死亡的各種形式。比起先出生的『先生』（譯註：語帶雙關，日文中『先生』意指老師），先死去的『先死』，才是真正的老師。」

甚至他堅持：「還有我可以做的事」，而持續在入住者及患者病房之間來回巡房。

田中醫生曾經對我說過這段話。

「未來的世界，人工智慧會越來越普及，並為人廣大利用，這點無庸置疑。但是我認為，唯有兩件事情，是人工智慧辦不到的。一個是感受人的痛苦，另一個是對死亡的恐懼。」

他接著說道：「與其說是人工智慧做不到，應該說，這些是人類才會有的感情。所以，堅定面對死亡，進而接納死亡，也只有人類辦得到。」

禮儀師的工作經常伴隨著悲傷和絕望。

聽著田中醫生侃侃而談，我又再次體悟，協助與死亡對峙的人接受痛苦或悲傷，邁步走向未來，是禮儀師最大的價值所在。就算被人嫌髒，就算不醒目，我們所做的工作對社會是何等重要。

相反的，如果我們不去感受往生者是如何度過人生，不真誠撫慰家屬的喪慟，那麼我們對社會來說，便毫無價值可言。如此一想，不禁讓人為之一振。

醫生去世後已經過了三年，他的諄諄教誨，時時刻刻常在我心。

我的工作價值是什麼？可以做什麼？以及我自己又該如何活下去？

身為一個以「唯有人類才能辦到的兩件事」維生之人，我會不斷思索下去。

送行者的生死筆記

凝視死亡，思考生命，從日本禮儀師的真實故事，在告別中學習如何好好生活

作者木村光希
譯者林姿呈
主編吳佳臻
封面設計羅婕云
內頁美術設計李英娟

執行長何飛鵬
PCH集團生活旅遊事業總經理暨社長李淑霞
總編輯汪雨菁
行銷企畫經理呂妙君
行銷企劃專員許立心

出版公司
墨刻出版股份有限公司
地址：台北市104民生東路二段141號9樓
電話：886-2-2500-7008／傳真：886-2-2500-7796
E-mail：mook_service@hmg.com.tw
發行公司
英屬蓋曼群島商家庭傳媒股份有限公司城邦分公司
城邦讀書花園：www.cite.com.tw
劃撥：19863813／戶名：書虫股份有限公司
香港發行城邦（香港）出版集團有限公司
地址：香港灣仔駱克道193號東超商業中心1樓
電話：852-2508-6231／傳真：852-2578-9337
製版・印刷藝樺彩色印刷製版股份有限公司・漾格科技股份有限公司
ISBN978-986-289-670-9・978-986-289-671-6（EPUB）
城邦書號KJ2036 **初版**2021年11月
定價340元
MOOK官網www.mook.com.tw
Facebook粉絲團
MOOK墨刻出版 www.facebook.com/travelmook

國家圖書館出版品預行編目資料

送行者的生死筆記：凝視死亡,思考生命,從日本禮儀師的真實故事,在告別中學習如何好好生活/木村光希作；林姿呈譯. -- 初版. -- 臺北市：墨刻出版股份有限公司出版：英屬蓋曼群島商家庭傳媒股份有限公司城邦分公司發行, 2021.11
180面；14.8×21公分. -- (SASUGAS ;36)
譯自：だれかの記憶に生きていく
ISBN 978-986-289-670-9(平裝)
1.殯葬業 2.通俗作品
489.66　　　110017543